Ameer Khusro

# Conceito de Bacteriologia prática

Ameer Khusro

# Conceito de Bacteriologia prática

ScienciaScripts

Cover image: www.ingimage.com

This book is a translation from the original published under ISBN 978-3-659-86188-8.

Publisher:
Sciencia Scripts
is a trademark of
Dodo Books Indian Ocean Ltd. and OmniScriptum S.R.L publishing group

120 High Road, East Finchley, London, N2 9ED, United Kingdom
Str. Armeneasca 28/1, office 1, Chisinau MD-2012, Republic of Moldova, Europe
Printed at: see last page
**ISBN: 978-620-8-35036-9**

# Conteúdo

# PREFÁCIO

A bacteriologia é uma disciplina importante e tem contribuído diretamente para o desenvolvimento da biotecnologia. O estudo das bactérias abriu uma nova porta para a comunidade científica devido às suas vastas aplicações industriais e terapêuticas. A procura crescente de investigação bacteriológica levou a que se investigasse o mundo bacteriano em profundidade. É muito importante compreender os fundamentos da bacteriologia prática para realizar uma investigação significativa, pelo que *o Conceito de Bacteriologia Prática* foi escrito para introduzir as técnicas e os protocolos da investigação bacteriológica prática de uma forma "fechada a sete chaves".

*Conceito de Bacteriologia Prática* foi escrito para que os estudantes compreendam porquê e como cada experiência é realizada. Esta abordagem de pergunta-resposta inclui técnicas e procedimentos que são amplamente utilizados pelos investigadores durante as experiências bacteriológicas. Abrange investigações sobre identificação bacteriana, cultivo, crescimento, metabolismo, genética, tecnologia enzimática, nanobiotecnologia e outras áreas básicas da bacteriologia. As caraterísticas mais salientes deste livro são a descrição simples de respostas a problemas práticos, a informação de base adequada e a fácil compreensão do procedimento experimental com razões importantes.

O livro está dividido em 20 secções. Cada secção trata de várias respostas práticas baseadas na experiência específica. No final do livro, foi incluída uma secção de apêndices que contém várias composições médias e outras informações breves e úteis. Este livro ensina a aprender concetualmente a investigação bacteriológica e a desenvolver capacidades de raciocínio sólidas. O material deste livro foi escrito de uma forma fácil e simples que pode ser compreendida imediatamente.

O autor deseja expressar os seus agradecimentos a D. Sargunam John Poonga (Rtd. Professor de Ciências, Escola Secundária Superior SKDJ,

Thiruverkadu, Chennai, Tamil Nadu, Índia) por ter feito as correcções gramaticais e de inglês necessárias para melhorar o nível deste livro.

Os meus agradecimentos especiais à Sra. Chirom Aarti pelo seu apoio e orações durante a redação do manuscrito e ao longo da minha carreira de investigação.

Por último, mas mais importante, gostaria de agradecer à minha família o apoio, a paciência e o encorajamento.

Os estudantes e investigadores que trabalham no domínio da bacteriologia considerarão este livro benéfico. Fiz o meu melhor para incluir todos os aspectos essenciais da bacteriologia prática para tornar este livro valioso. Gostaria de ouvir críticas construtivas e sugestões dos leitores com base na sua experiência de investigação, de modo a melhorar a qualidade deste livro.

Ameer Khusro

# INTRODUÇÃO

A bacteriologia é o ramo da ciência que se ocupa do estudo das bactérias. As bactérias são organismos microscópicos unicelulares que constituem um grande domínio de microrganismos procarióticos e que se desenvolvem em diversos ambientes. São metabolicamente activas e dividem-se por fissão binária. Muitas bactérias multiplicam-se rapidamente e as diferentes espécies podem utilizar uma enorme variedade de substratos para o seu metabolismo. As bactérias são de enorme importância devido à sua extrema flexibilidade, capacidade de crescimento e reprodução rápidos e grande idade - os fósseis mais antigos conhecidos, com cerca de 3,5 mil milhões de anos, são fósseis de organismos semelhantes a bactérias.

Atualmente, a investigação bacteriológica tem contribuído direta ou indiretamente para o desenvolvimento da biotecnologia. As bactérias são rotineiramente exploradas pelos seres humanos de várias formas para uma vasta gama de aplicações. As enzimas bacterianas são de grande importância para o desenvolvimento de bioprocessos industriais. O cenário atual centra-se na produção de enzimas a partir de fontes bacterianas para as vastas aplicações nas diferentes indústrias, incluindo couro, detergentes, têxteis, produtos farmacêuticos, alimentos, bebidas e pasta e papel. Atualmente, existe uma necessidade urgente de melhorar a produção de enzimas versáteis, a fim de desenvolver processos de produção novos e sustentáveis. As bactérias extremófilas, termófilas, halófilas e psicrófilas tornaram-se bastante interessantes para muitas aplicações industriais. Atualmente, a produção em grande escala das enzimas desejadas é uma tarefa exigente.

Na indústria alimentar, as bactérias do ácido lático (probióticos) são utilizadas no fabrico de uma variedade de produtos lácteos. Na indústria farmacêutica, as bactérias são utilizadas para produzir enzimas de importância médica, antibióticos (agentes antimicrobianos) e vacinas. Estas substâncias antimicrobianas não erradicaram as doenças humanas, mas são poderosos instrumentos terapêuticos. A sua eficácia é reduzida devido ao aparecimento de microrganismos resistentes aos antibióticos. Os grandes avanços na bacteriologia durante o último século resultaram no desenvolvimento de muitas vacinas eficazes, como as vacinas contra a cólera, o tétano, a febre tifoide e a peste. As células bacterianas são utilizadas na indústria biotecnológica para produzir substâncias biológicas, como combustíveis, hormonas e proteínas.

As bactérias podem desempenhar um papel significativo na limpeza do ambiente. As bactérias estão a ser utilizadas para limpar os poluentes ambientais através do processo de biorremediação. São utilizadas no tratamento de produtos químicos e resíduos produzidos por várias indústrias. No cenário atual, as bactérias geneticamente modificadas são utilizadas na bioremediação, incluindo a degradação do petróleo. As bactérias adaptam-se rapidamente a condições de stress, alterando a expressão genética e comunicando entre si através do mecanismo de deteção de quorum. Os transcritos de ARN produzidos por uma população de células bacterianas durante a expressão dos genes são designados por transcriptoma. Durante as duas últimas décadas, a análise transcriptómica tornou-se uma tecnologia poderosa para compreender as alterações globais na expressão genética.

Embora as bactérias sejam benéficas para nós, sabe-se que a maioria das outras causa uma série de doenças humanas. Atualmente, sabe-se que a maioria das doenças tem uma etiologia bacteriológica. O desenvolvimento da bacteriologia patogénica derivou da identificação e caraterização de bactérias associadas a doenças específicas. Nos países desenvolvidos, 90 por cento das infecções documentadas em doentes hospitalizados são causadas por bactérias. Estes casos reflectem provavelmente apenas uma pequena percentagem do número real de infecções bacterianas que ocorrem na população em geral, e representam normalmente os casos mais graves. Por outro lado, nos países em desenvolvimento, uma variedade de infecções bacterianas exerce frequentemente um efeito devastador na saúde humana devido à subnutrição e às más condições sanitárias. A Organização Mundial de Saúde calculou que, todos os anos, 3 milhões de pessoas morrem de tuberculose, 0,5 milhões morrem de tosse convulsa e 25.000 morrem de febre tifoide. As doenças diarreicas são a segunda principal causa de morte no mundo (a seguir às doenças cardiovasculares), matando 5 milhões de pessoas por ano.

A infeção bacteriana é um perigo para a saúde omnipresente. O aumento alarmante de bactérias multirresistentes a todos os antibióticos clinicamente úteis é um dos problemas de saúde mais graves da última década. O desafio da utilização de proteínas e péptidos bacterianos como medicamentos de nova geração com potencial antimicrobiano é uma área de interesse crescente entre os investigadores. Produtos recentes para o tratamento de várias complicações médicas, como a diabetes, a tuberculose, o ataque cardíaco, etc., são derivados de fontes bacterianas. Utilizando várias técnicas biotecnológicas, as bactérias são também objeto de bioengenharia para a produção de proteínas terapêuticas.

A bacteriologia tem numerosas aplicações práticas no domínio da agricultura, da indústria, da ecologia, da alimentação e da medicina, o que levou ao aparecimento e desenvolvimento de vários domínios da bacteriologia. O âmbito da bacteriologia está a expandir-se de dia para dia devido às necessidades humanas. Os desafios da bacteriologia são ilimitados e serão resolvidos através da compreensão dos conceitos que lhe estão subjacentes. Os conceitos profundos e claros da bacteriologia devem ser compreendidos e explorados para que a investigação seja mais significativa.

# CAPÍTULO 1

## ARTIGOS DE VIDRO

**Bloqueio 1. Porque é que a proveta é utilizada para medir com exatidão os solventes ou as soluções durante as experiências bacteriológicas?**

***Legenda:*** A proveta é utilizada para a medição exacta de qualquer solvente ou solução devido à sua rotulagem correta. A rotulagem de outros objectos de vidro, como os frascos cónicos e os béqueres, não está correta, o que permite uma medição aproximada do líquido.

**Trava 2. Ao medir o volume exato do líquido na proveta, verifica-se o menisco inferior do líquido. Porquê?**

***Legenda***: O menisco superior do líquido forma-se devido à força de adesão entre a parede da proveta e o líquido. Por outro lado, o menisco inferior forma-se devido à força de coesão entre as moléculas do líquido. O menisco inferior mostra o nível exato do líquido no interior do recipiente de vidro. O ângulo de contacto desempenha um papel importante na formação do menisco.

**Fecho 3. Porque é que a boca do Erlenmeyer é tapada com algodão?**

***Importante***: O papel principal do algodão é fornecer ar às bactérias, especialmente às bactérias aeróbicas, no interior da cultura e filtrar os contaminantes estranhos.

**Fecho 4. Porque é que a boca do Erlenmeyer é tapada com algodão não absorvente durante a esterilização dos meios para experiências bacteriológicas?**

***Importante:*** O algodão não absorvente não absorve a molécula de água no interior do autoclave devido à sua propriedade não absorvente. O conteúdo do frasco antes e depois da esterilização é o mesmo devido ao algodão não absorvente. Por outro lado, o algodão não absorvente também impede que os contaminantes passem para o meio esterilizado.

**Trava 5. Pediu-se ao Jasão que preparasse 100 mL de solução misturando 20 g de glucose em água. Ele misturou 20 g de glucose em 50 mL de água e depois completou o volume até 100 mL utilizando a proveta graduada. Explica os passos que ele seguiu?**

***Legenda***: Se o Jasão misturar diretamente 20 g de glucose em 100 mL de água, haverá um ligeiro aumento do volume do líquido. Neste caso, primeiro misturou 20 g de glucose em 50 mL de água e depois aumentou o volume para 100 mL. O resultado é a medição exacta de 100 mL de solução contendo 20 g de glucose.

**Fecho 6. Porque é que é necessário agitar o conteúdo (meio) do frasco antes de efetuar qualquer trabalho de investigação bacteriológica?**

***A chave***: A agitação do conteúdo do balão resulta na mistura correta dos ingredientes no solvente.

**Bloqueio 7. Porque é que as culturas puras são conservadas durante pouco tempo em tubos de ensaio com lâmina de ágar?**

***Legenda***: As culturas bacterianas também podem ser conservadas em placas de ágar, mas não é seguro transportá-las e não podem ser conservadas durante um período mais longo. A preservação de culturas em placas de ágar não só é segura e fácil de manusear, como também é fácil de transportar.

**Fechadura 8. Porque é que os solventes voláteis não são mantidos dentro do copo?**

***Legenda***: Devido à presença de um bico no copo, este não pode ser completamente tapado com uma tampa. Assim, o volume de solventes voláteis reduz-se lentamente. Neste caso, é preferível utilizar uma folha de alumínio para tapar os copos que contêm solventes voláteis.

**Fecho 9. Porque é que as placas de Petri de vidro são reutilizadas após a esterilização?**

***Chave***: As placas de Petri de vidro são autoclaváveis. Assim, após a descontaminação das culturas bacterianas no interior das placas de Petri, estas podem ser reutilizadas.

**Bloqueio 10. Porque é que as placas de Petri descartáveis não são reutilizadas?**

***Importante***: As placas de Petri descartáveis não podem ser esterilizadas uma e outra vez depois de usadas, porque não são altamente resistentes ao calor. As placas de Petri descartáveis são feitas de plástico e são deitadas fora após uma única utilização.

**Fecho 11. Sahil preparou meios de ágar e verteu-os para as placas de Petri. Depois de inocular as bactérias nas placas, manteve as placas dentro da incubadora em posição invertida. Porquê?**

***Importante***: As placas de Petri são incubadas em posição invertida para evitar a condensação de água no interior da placa, que pode resultar em contaminação.

**Fecho 12. Depois de verter o meio de ágar para a placa de Petri, esta é selada com película de Para. Porquê?**

***Chave:*** A placa de Petri é selada com película de Para para evitar a entrada de contaminantes estranhos nas placas.

**Bloqueio 13. Porque é que é obrigatório escrever a data de inoculação, o nome da cultura, etc., apenas na parte inferior das placas de ágar?**

***Legenda***: Se a data de inoculação, o nome da cultura, etc. estiverem escritos na tampa das placas de Petri que contêm a cultura, por vezes a tampa de uma placa de Petri pode ser substituída por outra. Nesse caso, obterá resultados errados da sua experiência correta. É por isso que é preferível escrever no fundo da placa de ágar.

**Fechadura 14. Porque é que todos os objectos de vidro utilizados nas experiências bacteriológicas são feitos de vidro?**

***Chave***: O crescimento de bactérias, a contaminação e a mistura correta dos ingredientes podem ser facilmente observados no interior do material de vidro. Os produtos químicos ou os meios não aderem à parede do material de vidro. O material de vidro pode ser esterilizado tanto em autoclave (esterilização por calor húmido) como em forno de ar quente (esterilização por calor seco). O material de vidro pode ser reutilizado uma e outra vez após a descontaminação.

# CAPÍTULO 2

## MATERIAIS

**Fecho 1. Porque é que os tampões utilizados nos tubos de ensaio e nos frascos cónicos são feitos de algodão não absorvente?**

***Legenda**:* Os tampões utilizados em tubos de ensaio, frascos cónicos e outro material de vidro que contenha soluções são feitos de algodão não absorvente para evitar que os contaminantes passem para o meio estéril. Os algodões não absorventes não absorvem água no interior do autoclave, o que resulta na esterilização do volume exato de meio ou líquido presente no material de vidro. O algodão não absorvente não se molha e, por conseguinte, as probabilidades de contaminação são reduzidas. Por outro lado, o algodão absorvente é evitado durante a esterilização porque absorve água e permite que os micróbios nadem dentro do meio.

**Bloqueio 2. Porque é que os tampões de algodão dos tubos de cultura devem estar sempre secos?**

***Importante:*** Os tampões de algodão dos tubos de cultura devem ser mantidos sempre secos para evitar a contaminação do meio por microrganismos que estão suspensos em todo o lado.

**Bloqueio 3. Porque é que os filtros Whatman são normalmente utilizados para a filtração em laboratório?**

***Chave***: O filtro Whatman contém uma pequena quantidade de resina quimicamente estável que proporciona uma elevada resistência à humidade. O filtrado obtido após a filtração é isento de qualquer tipo de impurezas.

**Fechadura 4. Porque é que o etanol (70% v/v) é normalmente utilizado para fins de esterilização no laboratório?**

***Legenda**:* O etanol (70% v/v) é utilizado como desinfetante no laboratório de bacteriologia porque precipita as proteínas bacterianas intracelulares. O etanol mata os microrganismos destruindo as proteínas e dissolvendo os seus lípidos. O etanol puro é irritante para a pele e para os olhos. O etanol puro (100%) coagula as proteínas bacterianas no interior da parede celular. As proteínas coaguladas impedem o álcool de penetrar mais no interior da célula e a coagulação deixa de se efetuar. Isto tornará a bactéria inativa, não morta. A bactéria começará a funcionar assim que as condições favoráveis forem alcançadas. Se for utilizado álcool a 70% (v/v), o álcool diluído também coagula a proteína, mas a um ritmo mais lento, de modo a penetrar completamente no interior da célula. A razão mais comum para não se utilizar etanol puro é que as concentrações mais elevadas de etanol evaporam muito rapidamente antes de poderem entrar em contacto com as bactérias.

**Fechadura 5. O cloreto de mercúrio e o nitrato de prata são potenciais agentes antimicrobianos. Porque é que estes dois antimicrobianos não são utilizados no laboratório de bacteriologia (dentro do LAF) para efeitos de esterilização?**

***Legenda***: O cloreto de mercúrio e o nitrato de prata são potenciais agentes antimicrobianos que inibem o crescimento bacteriano, mas estes dois agentes antimicrobianos são cancerígenos ou tóxicos para o ser humano. Tendo em conta este facto, estas soluções não podem ser utilizadas no interior do LAF para fins de limpeza, a menos que sejam tomadas precauções completas.

**Bloqueio 6. Quais são os substitutos do etanol mais utilizados no laboratório para fins de esterilização?**

***Legenda***: O metanol, a acetona e a aguardente comercial são preferíveis ao etanol.

**Fechadura 7. O que acontecerá se for utilizado menos de 70% (v/v) de etanol no laboratório para efeitos de esterilização?**

***Importante:*** As concentrações mais baixas de etanol não permitem que o etanol seja muito eficaz contra as bactérias porque não consegue decompor todos os lípidos da célula.

**Fechadura 8. Porque é que o etanol é misturado apenas com água?**

***Legenda***: O etanol é um solvente polar devido à presença do grupo hidroxilo no segundo carbono. A água também é polar, pois contém iões de hidrogénio com carga positiva e oxigénio com carga negativa. As extremidades positivas e negativas de ambos os solventes atraem-se mutuamente e dissolvem-se.

# CAPÍTULO 3

## INSTRUMENTOS

**Bloqueio 1. Porque é que se utilizam soluções tampão para calibrar o medidor de pH?**

***A chave:*** As soluções tampão são mais estáveis e mais exactas. Quando qualquer ião é introduzido numa solução tampão, o tampão reage com os iões e impede que o pH das soluções aumente ou diminua. Um tampão mantém o pH do líquido constante.

**Bloqueio 2. Após cada medição, o elétrodo do medidor de pH é lavado com água destilada. Porquê?**

***Chave***: O elétrodo do medidor de pH é lavado com água destilada para remover todos os vestígios da solução de armazenamento, da solução de ensaio anterior, do meio de processamento e da contaminação excessiva das soluções tampão de pH.

**Bloqueio 3. Porque é que o bolbo do medidor de pH não está esfregado?**

***Importante***: Esfregar o bolbo do medidor de pH pode causar uma acumulação de carga estática.

**Bloqueio 4. Porque é que as culturas bacterianas são mantidas na incubadora para incubação?**

***Legenda***: É utilizado para cultivar e manter culturas bacterianas à temperatura necessária.

**Fechadura 5. Haverá alguma diferença no crescimento das bactérias, se as culturas forem mantidas na parte inferior e poucas forem mantidas na parte superior da incubadora?**

***Legenda:*** Não, não haverá qualquer diferença no crescimento das culturas bacterianas porque a temperatura é constante em cada canto da incubadora.

**Bloqueio 6. Porque é que o forno de ar quente não é utilizado para esterilizar os meios bacteriológicos?**

***Chave***: Os meios perdem água por evaporação.

**Bloqueio 7. Antes de manter o material de vidro no interior do forno de ar quente, o material de vidro deve estar seco. Porquê?**

***Legenda***: Se o material de vidro contiver gotículas de água ou humidade, o aumento súbito da temperatura pode provocar a quebra do material de vidro. É por isso que o material de vidro tem de estar completamente seco antes de ser mantido no forno de ar quente.

**Fecho 8. Que parte do forno de ar quente controla a temperatura?**

***Chave***: A temperatura da câmara de cozimento é controlada por um termóstato.

**Fechadura 9. Porque é que a radiação electromagnética é utilizada nos fornos de micro-ondas?**

***Legenda***: As ondas electromagnéticas possuem frequências da ordem dos 2,45 GHz. As moléculas dos objectos mantidos no interior do forno de micro-ondas rodam facilmente quando expostas a estas frequências.

**Bloqueio 10. Como é que o artigo guardado no interior do forno micro-ondas aquece?**

***Legenda***: As ondas electromagnéticas são ondas constituídas por campos eléctricos e magnéticos alternados. Uma vez que uma onda electromagnética é composta por campos eléctricos alternados, uma carga exposta a ela experimentará forças que mudam regularmente de direção. As moléculas de água são dipolos e o efeito líquido forçaria as moléculas a rodar. As moléculas de água agitadas possuem então energia térmica que pode ser transmitida às moléculas vizinhas e, assim, todo o corpo pode aquecer rapidamente.

**Fecho 11. Porque é que os metais não são mantidos no forno micro-ondas durante o aquecimento?**

*A chave:* As regiões pontiagudas dos metais podem acumular tensões elevadas que podem provocar a rutura dieléctrica do ar no interior do forno de micro-ondas, resultando na produção de gases nocivos.

**Bloqueio 12. Porque é que a temperatura das paredes laterais interiores do forno desce rapidamente?**

***Legenda***: As paredes laterais interiores do forno micro-ondas não contêm quaisquer elementos de aquecimento. É por isso que a temperatura pode baixar imediatamente nas paredes laterais interiores do forno.

**Bloqueio 13. Os óleos não aquecem bem no micro-ondas. Porquê?**

***A chave***: As moléculas de óleo não têm a polaridade semelhante à da água.

**Bloqueio 14. Porque é que os raios UV não são utilizados nos fornos micro-ondas?**

***Legenda***: Os raios UV não são utilizados em fornos de micro-ondas porque não produzem calor e não provocam o movimento das partículas presentes no interior de uma dada solução. Os raios UV também são mutagénicos físicos.

**Bloqueio 15. Porque é que a condição específica, ou seja, a temperatura - 121$^{0}$ C, o tempo - 15 min e a pressão - 15 lbs/polegada$^2$ é fixada para o autoclave?**

**Chave**: Quanto mais elevada for a pressão criada no interior do autoclave, mais elevada será a temperatura que pode ser atingida no seu interior. A 15 lbs/polegada$^2$ , a temperatura no interior do autoclave aumenta até 121 °C. Nessa condição de temperatura, pressão e tempo, os contaminantes são mortos. O vapor penetra nos objectos e nos ingredientes do meio dentro do autoclave. A condensação cria uma pressão negativa e atrai vapor adicional.

**Bloqueio 16. Os pós, gorduras, óleos, etc. não são esterilizados por autoclavagem. Porquê?**

***Chave:*** Estes artigos não são permeáveis ao vapor. A esterilização por calor seco é adequada para estes artigos.

**Bloqueio 17. Porque é que é obrigatório ligar o ventilador do fluxo de ar laminar durante as experiências?**

***Chave***: O ventilador impede a entrada de contaminação estranha (poeira, micróbios, etc.) no fluxo de ar laminar.

**Bloqueio 18. Porque é que é necessário ligar a luz UV antes e depois de sair do fluxo de ar laminar, mas não durante as experiências?**

***Importante***: A esterilização por luz UV do fluxo de ar laminar antes de iniciar e depois de terminar o trabalho é necessária para matar os micróbios que podem causar contaminação na nossa cultura bacteriológica, nos nossos meios de cultura, etc. A luz UV mata as células bacterianas ao danificar o seu material genético, ou seja, o ADN. A luz inicia uma reação entre duas moléculas de timina. O dímero de timina resultante é muito estável. A luz rompe as ligações químicas que mantêm os átomos de ADN unidos nas bactérias. Quanto mais longa for a exposição à luz UV, mais dímeros de timina se formam. Não devemos expor-nos à luz UV porque a radiação UV é um mutagénio físico. Tenha sempre em mente que a luz UV penetra nas células bacterianas mas não altera a água, o ar ou os alimentos que estão a ser tratados. Fornece energia aos meios.

**Bloqueio 19. Porque é que as culturas bacterianas são frequentemente centrifugadas a $4^0$ C?**

***Legenda:*** As culturas bacterianas são frequentemente centrifugadas a $4^0$ C para abrandar o metabolismo.

**Fecho 20. Porque é que o azeite é utilizado para visualizar espécimes com uma ampliação de 100X do microscópio de luz?**

***Legenda***: A abertura numérica da lente é diretamente proporcional ao índice de refração do meio que preenche o espaço entre a amostra e a frente da lente objetiva. Uma vez que o azeite tem um índice de refração superior ao do ar, isto aumenta significativamente o poder de resolução do microscópio.

$$\text{Numerical aperture} \propto \text{Refractive index} \propto \text{Resolving power}$$

**Fecho 21. Porque é que o frasco anaeróbio não é utilizado para a incubação de bactérias aeróbias?**

***A chave***: O frasco anaeróbio mantém o ambiente sem oxigénio.

**Bloqueio 22. Porque é que as culturas de caldo são agitadas no agitador rotativo?**

***Chave***: As culturas de caldo são agitadas num agitador rotativo de modo a proporcionar arejamento às bactérias que crescem no meio.

# CAPÍTULO 4

## APARELHOS

**Bloqueio 1. Porque é que a ansa de inoculação é inflamada até ficar em brasa antes e depois de recolher as colónias de bactérias durante as experiências?**

*Legenda:* A ansa de inoculação é inflamada até ficar em brasa antes de recolher as colónias bacterianas da placa de cultura, uma vez que a ansa de inoculação é utilizada para transferir cultura bacteriana pura para o meio de cultura. O aquecimento a quente da ansa de inoculação durante 5-10 segundos mata os micróbios já presentes na sua ponta que podem causar contaminação do meio estéril fresco. Depois de a cultura pura ter sido transferida assepticamente para o meio de cultura, a ansa é novamente inflamada para matar a cultura bacteriana ligada à ansa, de modo a que se possa recolher cultura fresca para as experiências sucessivas.

**Fechadura 2. Porque é que a ansa de inoculação é feita de fio de nicrómio?**

***Chave***: Os fios de nicrómio não só são fáceis de esterilizar e reutilizar, como também resistem à deterioração do fio devido ao aquecimento repetido.

**Trava 3. Porque é que a ponta de uma ansa de inoculação tem uma forma redonda?**

***Legenda***: A ponta redonda da ansa de inoculação ajuda a retirar o inóculo completo de uma placa de cultura ou de uma cultura em caldo. Em geral, se a ponta da ansa for reta em vez de redonda, a ansa pode riscar o meio de cultura de ágar.

**Fecho 4. Porque é que os tubos eppendorf são autoclavados com a tampa aberta?**

*Legenda*: Os tubos Eppendorf são autoclavados com a tampa aberta para esterilizar completamente os tubos, isto é, tanto no interior como no exterior.

**Bloqueio 5. O que é que acontece se os tubos de centrifugação e os frascos de plástico forem autoclavados com uma tampa apertada?**

*Chave:* Os tubos e garrafas de centrifugação dobram-se.

# CAPÍTULO 5

## TÉCNICA DE ISOLAMENTO E DE RASTREIO

**Bloqueio 1. Porque é que a técnica de diluição em série é considerada o primeiro passo básico em Bacteriologia?**

***Legenda:*** A bacteriologia é o ramo da ciência que se ocupa do estudo das bactérias. O estudo das bactérias corresponde ao seu isolamento e identificação. A diluição em série é a técnica preliminar para isolar as diferentes espécies bacterianas, efectuando diluições sequenciais da amostra. É por isso que a diluição em série é considerada como o primeiro e básico passo em Bacteriologia.

**Bloqueio 2. Porque é que a técnica de diluição em série é utilizada para isolar bactérias?**

***Legenda***: A diluição em série é uma técnica de diluições sequenciais utilizada para reduzir a densidade das células e reduzir a concentração bacteriana. O isolamento das colónias bacterianas e a sua contagem são possíveis graças à diluição em série. O número de colónias que podem crescer num meio é reduzido com esta técnica.

**Bloqueio 3. Como é que vais isolar as bactérias de uma amostra de ar?**

***Legenda***: A técnica de diluição em série não é aplicável ao isolamento de bactérias a partir de amostras de ar porque estas não podem ser diluídas. Neste caso, as placas de ágar são diretamente expostas ao ar para isolar e observar diferentes colónias de bactérias (Fig. 1).

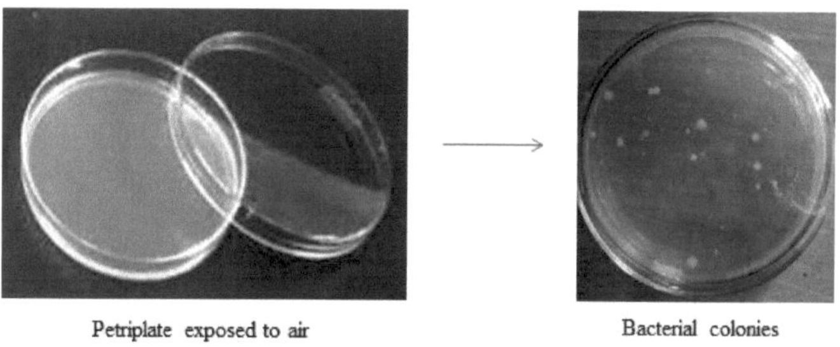


**Fig. 1: Isolamento de bactérias de amostras de ar**

**Trava 4. Porque é que o soro fisiológico é normalmente utilizado durante a técnica de diluição em série?**

*Legenda:* As células bacterianas rebentam numa solução hipotónica devido à diferença de pressão osmótica no interior e no exterior das células. A solução salina fornece-lhes uma solução isotónica. As células permanecem viáveis e contáveis devido à solução salina. Todas as bactérias não podem crescer em solução salina devido à ausência de factores nutricionais. Algumas bactérias Gram (+) com um elevado teor de peptidoglicano na sua parede celular podem também crescer em água destilada.

**Fechadura 5. Delvin efectuou a técnica de diluição em série para isolar bactérias de uma amostra de solo. Selecionou a diluição mais elevada para isolar várias colónias de bactérias. Porquê?**

*Legenda*: Delvin selecionou a diluição mais elevada para isolar várias colónias de bactérias porque as diluições mais baixas resultam em incontáveis colónias de bactérias isoladas.

**Bloqueio 6. Porque é que o caldo nutritivo é o meio líquido mais utilizado no laboratório?**

*Importante*: O caldo de nutrientes é o meio não seletivo mais utilizado no laboratório porque suporta o crescimento da maioria das bactérias e este meio contém todos os elementos essenciais que a maioria das bactérias necessita para o seu crescimento ótimo.

**Fechadura 7. Porque é que o caldo de nutrientes é considerado um meio indefinido?**

*A chave:* O caldo nutritivo é um meio complexo ou indefinido porque contém os ingredientes em quantidade desconhecida.

**Trava 8. Porque é que a glucose, a peptona, a triptona, o extrato de levedura, o extrato de carne de vaca e o cloreto de sódio são adicionados aos meios de cultura de bactérias?**

*A chave*: A glucose é uma fonte de carbono e energia ideal para muitas bactérias. A peptona é a caseína (proteína do leite) que foi digerida com pepsina. Foi adicionada ao meio como fonte de azoto. A triptona é utilizada em meios bacteriológicos para fornecer azoto, energia e carbono. O extrato de levedura é obtido a partir de levedura e é uma fonte rica em vitaminas, minerais e ácidos nucleicos digeridos. O extrato de carne de bovino é uma boa fonte de vitaminas e oligoelementos. O cloreto de sódio é adicionado ao meio como estabilizador do pH.

**Trava 9. Pediu-se a Radhika que preparasse caldo nutritivo em 10 tubos de ensaio, cada um contendo 10 mL de meio estéril. Preparou 100 mL de caldo num frasco cónico e esterilizou-o em autoclave. Depois disso, transferiu 10 mL de caldo para cada tubo dentro do LAF. A Radhika seguiu os passos de forma correta?**

*Legenda*: Não. De acordo com esta experiência, esta não é a forma correta de utilizar caldo esterilizado para o crescimento bacteriano. Aqui, Radhika preparou os meios em frascos cónicos e depois transferiu-os para tubos após a esterilização. Isto pode causar contaminação no caldo durante a transferência dos meios do frasco cónico para os tubos. A melhor maneira é encher 10 mL de meio em cada tubo e depois autoclavá-lo. Depois de o meio ter sido autoclavado e arrefecido, inocular as bactérias em cada tubo.

**Bloqueio 10. Por que razão são ajustados diferentes pH para os meios, a fim de isolar diferentes géneros de bactérias?**

*Legenda:* O ajuste do pH do meio depende dos tipos de isolados. Cada género de bactéria tem o seu valor de pH ideal para o seu crescimento e metabolismo. É por isso que o ajuste do pH é necessário para o isolamento de diferentes tipos de bactérias.

**Trava 11. Foi pedido ao Tiago que preparasse 100 mL de meio de cultura. Ele misturou 15 g de meio em 100 mL de água destilada e esterilizou-o. Qual foi o erro cometido pelo Tiago durante a preparação do meio?**

*Legenda*: De acordo com os passos seguidos pelo Tiago, o volume final do meio de cultura alterar-se-á. Ele deve misturar 15 g de meio em 50 mL de água destilada e depois completar o volume até 100 mL utilizando água destilada.

**Fecho 12. A Devika preparou 50 mL de meio de cultura e esterilizou-o. Após a esterilização, inoculou 500 gl de cultura bacteriana no meio.** **Após a esterilização, inoculou 500 gl de cultura bacteriana no meio.** **No dia seguinte, não se registou crescimento bacteriano no meio. Porquê?**

*Chave*: A Devika não permitiu que a temperatura do meio descesse até à temperatura ambiente. Após a autoclavagem, inoculou a cultura bacteriana no meio quente, o que resultou na morte das bactérias.

**Bloqueio 13. Porque é que o ágar é utilizado para preparar os meios sólidos?**

*Legenda*: O ágar é um agente solidificante biologicamente inerte. Permanece sólido à temperatura ambiente e a $4^{0}$ C. O crescimento da cultura bacteriana pode ser facilmente observado na placa de ágar, mesmo após a adição de ágar ao meio líquido, porque o ágar é transparente. O ágar não é uma fonte de nutrientes para as bactérias.

**Bloqueio 14. Porque é que os meios sólidos são preferíveis aos meios líquidos?**

*Chave:* Os meios sólidos são preferíveis aos meios líquidos porque as bactérias misturadas podem ser separadas utilizando meios sólidos.

**Bloqueio 15. Porque é que os suportes de dados devem ser guardados no escuro?**

***Legenda***: Os corantes e outros ingredientes sensíveis à luz são os constituintes específicos de alguns meios. Uma exposição excessiva à luz pode produzir alguns produtos tóxicos que podem inibir o crescimento bacteriano.

**Bloqueio 16. Porque é que a agarose não é utilizada na preparação de meios sólidos?**

***Legenda***: A agarose é uma forma purificada de ágar e é também um agente solidificador. Mas é mais cara do que o ágar. Por este motivo, a agarose não é considerada para a preparação de meios bacteriológicos.

**Bloqueio 17. Porque é que 15-18 g/L de ágar são preferidos para a preparação de meios sólidos?**

***Legenda***: Mais de 18 g/L de ágar pode tornar o meio muito viscoso. O ágar não se dissolverá facilmente no meio. O meio não solidifica ou fica semi-sólido se for utilizado ágar inferior a 15 g/L.

**Bloqueio 18. Por que razão é efectuada a técnica da placa aberta?**

***Importante***: A técnica da placa de espalhamento é realizada para cultivar e isolar várias colónias bacterianas de diferentes tipos de amostras.

**Bloqueio 19. Porque é que a técnica de spread plate é designada por "spread plate"?**

**Legenda**: O método é designado por "spread plate" porque o inóculo é espalhado nas placas de ágar utilizando uma vareta de vidro em forma de

"L" (Fig. 2).

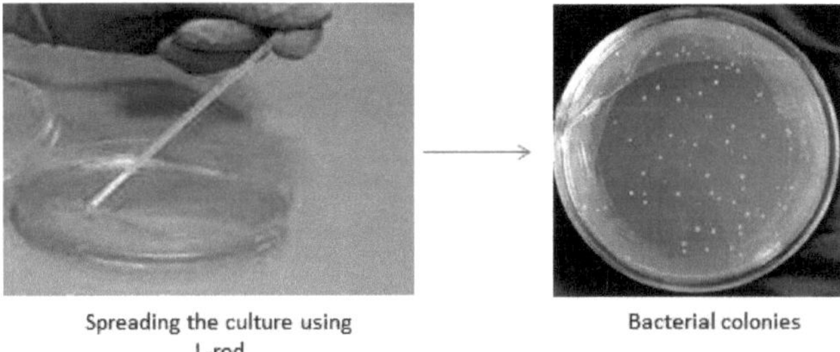


**Fig. 2: Técnica da placa de espalhamento**

**Bloqueio 20. Porque é que a água do mar esterilizada é utilizada para o isolamento de bactérias de origem marinha no laboratório?**

**Chave**: A água marinha estéril fornece salinidade às bactérias semelhante à da fonte marinha. Esta condição ajuda as bactérias a crescerem *in vitro*. É por isso que a água marinha filtrada e estéril é preferida à água destilada. A água destilada misturada com sal também pode ser utilizada para fornecer salinidade às bactérias, mas é necessário adicionar uma quantidade conhecida de sal à água destilada para que as bactérias atinjam as condições de crescimento semelhantes às da água do mar.

**Bloqueio 21. Porque é que as colónias aparecem na placa após a realização da técnica de espalhamento em placa?**

***Legenda***: As colónias aparecem na placa após a realização do método de espalhamento em placa devido à presença de células viáveis na amostra. Os diferentes tipos de colónias (com base na forma, tamanho, cor e outras propriedades morfológicas) na placa representam diferentes géneros ou espécies de bactérias.

**Bloqueio 22. Por que razão é efectuada a técnica de pour plate?**

***Legenda***: A técnica é efectuada para diferenciar as bactérias aeróbias e anaeróbias presentes na amostra. As bactérias aeróbias difundem-se para a superfície do meio de ágar, enquanto as bactérias anaeróbias se depositam no fundo do meio.

**Bloqueio 23. O que acontecerá se o meio de ágar quente for vertido sobre os inóculos durante a técnica de pour plate?**

***Importante:*** O meio de ágar quente pode matar as bactérias mesófilas presentes na amostra. Apenas as bactérias hipertermófilas podem crescer depois de verter meio de ágar quente no fundo do meio.

**Bloqueio 24. Por que razão é efectuada a técnica da placa estriada?**

***Importante***: A estria é uma técnica importante para a obtenção de colónias bacterianas puras e discretas. A concentração de bactérias é sucessivamente reduzida através deste método. Esta técnica é efectuada para verificar se uma cultura é constituída por apenas um organismo ou mais (Fig. 3).

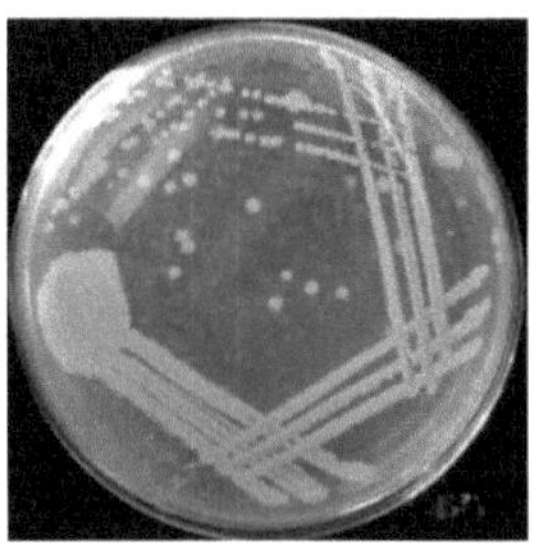

**Fig. 3: Cultura bacteriana pura por estriagem em quadrante**

**Bloqueio 25. Porque é que se prepara o stock de glicerol para a preservação a longo prazo de culturas bacterianas?**

***A chave***: O glicerol estabiliza as bactérias congeladas, evitando danos nas células e mantendo-as viáveis durante muitos anos a -80°C. O glicerol é um crioprotector que reduz o ponto de congelação das células bacterianas e melhora o superenrolamento.

**Bloqueio 26. Porque é que a água é utilizada para a preparação dos meios?**

***A chave:*** A água é um ingrediente importante em qualquer meio de cultura. Todas as bactérias necessitam de água para o seu crescimento e metabolismo. A água destilada é a mais utilizada para a preparação de meios porque a água dura pode afetar o pH do meio. A água da torneira também pode ser utilizada para a preparação do meio, devido à presença de minerais na mesma.

**Bloqueio 27. Porque é que o ágar não é utilizado para fins de eletroforese?**

***Legenda***: O ágar contém redes de fios de polímeros (demasiado densos) que não permitem a passagem das moléculas de ADN durante a eletroforese.

# CAPÍTULO 6

## TÉCNICAS DE COLORAÇÃO

**Bloqueio 1. Porque é que o azul de metileno é normalmente utilizado para colorações simples?**

***Legenda:*** O corante é um cromogénio com carga positiva. Aceita um ião de hidrogénio, que deixa o corante com carga positiva. O corante carregado positivamente adere facilmente à superfície da célula bacteriana porque a superfície da maioria das células bacterianas é carregada negativamente. Para além do azul de metileno, a safranina e o violeta de cristal também podem ser utilizados para uma técnica de coloração simples (Fig. 4).

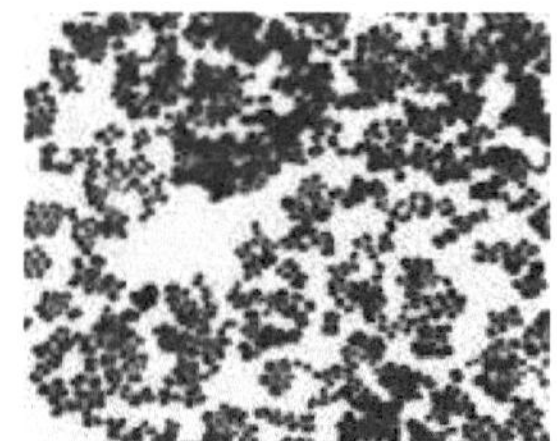

**Fig. 4: Coloração simples de bactérias**

**Trava 2. Porque é que a coloração ácida é necessária para a coloração negativa?**

***Legenda***: A coloração negativa é utilizada para contrastar uma amostra fina com um fluido opaco. Nesta técnica, a amostra real não é corada. O corante ácido cede um ião de hidrogénio e torna-se carregado negativamente. Uma vez que a superfície bacteriana tem uma carga negativa, o corante é repelido pela superfície celular. O resultado é a coloração da lâmina e não das células bacterianas (Fig. 5).

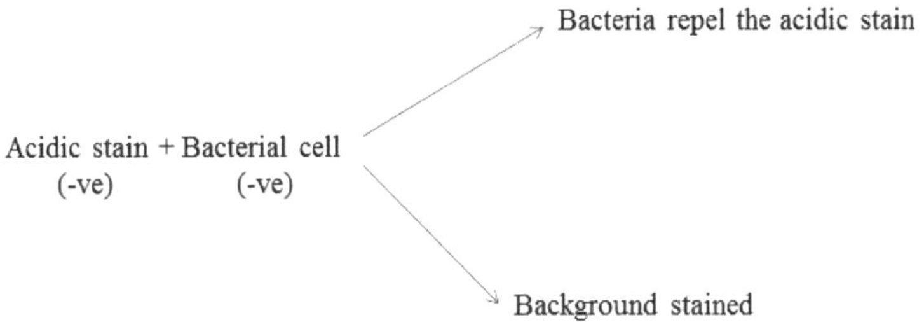


**Fig. 5: Representação esquemática da coloração negativa**

**Bloqueio 3. Durante a coloração dos flagelos, são por vezes utilizados mordentes. Porquê?**

***Legenda:*** A espessura dos flagelos pode ser aumentada utilizando um mordente como o ácido tânico ou o alúmen de potássio, a fim de os observar claramente ao microscópio de luz.

**Fechadura 4. Porque é que as cápsulas se caracterizam por uma má coloração com corantes padrão?**

***Legenda***: As cápsulas caracterizam-se por uma coloração deficiente com corantes padrão porque os materiais capsulares são solúveis em água.

**Trava 5. Porque é que o esfregaço não é aquecido durante a coloração da cápsula bacteriana?**

***Importante***: O esfregaço não deve ser aquecido porque a contração das células daí resultante pode criar uma área clara à volta dos organismos que pode ser confundida com a cápsula.

**Bloqueio 6. Porque é que o sulfato de cobre é utilizado durante a técnica de coloração de cápsulas bacterianas?**

***Legenda***: Uma vez que as cápsulas são solúveis em água, utiliza-se $CuSO_4$ em vez de água para retirar a coloração primária púrpura (violeta de cristal) do material capsular sem remover a coloração que se ligou à parede celular. O sulfato de cobre actua como agente descolorante e como contra-coloração. Descolora à volta das células, removendo o excesso de violeta de cristal. Confere uma coloração azul clara ao contra-colorir a cápsula. Como as células bacterianas são não-iónicas, a melhor forma de as visualizar é corar o fundo com um corante ácido e corar as células com um corante básico.

**Fecho 7. Porque é que a técnica de coloração de cápsulas evita o blotting?**

***Importante:*** A mancha pode causar a rutura da cápsula.

**Fechadura 8. Porque é que o calor é um critério importante para a coloração de endosporos?**

***Legenda***: O verde de malaquite é utilizado como agente de coloração primário. Os esporos, devido à camada de queratina, resistem ao corante. O calor é aplicado para a penetração do corante. O aquecimento da bactéria tornará a parede do esporo permeável ao corante. Quando o corante primário penetra no esporo, ambas as células ficam verdes. Depois disso, o esporo não pode ser descolorado com água da torneira porque as paredes do esporo se tornam menos permeáveis quando o esfregaço arrefece (Fig. 6).

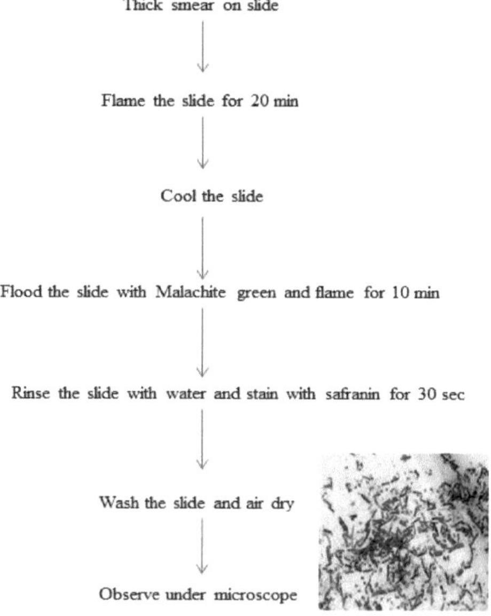


**Fig. 6: Representação esquemática da coloração de endosporos**

**Fechadura 9. Porque é que a água é utilizada como agente descolorante durante a coloração de endosporos?**

***Chave:*** As células vegetativas são rompidas pelo aquecimento. Uma vez que o verde de malaquite é solúvel em água, a coloração é eliminada ao enxaguar as células vegetativas com água da torneira devido à rutura das células. É por isso que a água é utilizada como agente descolorante.

**Bloqueio 10. Que tipos de bactérias são identificadas pela técnica de coloração de Gram?**

***Legenda:*** A técnica de coloração de Gram diferencia as bactérias com membrana externa e as que não têm membrana externa (Fig. 7).

**Trava 11. Qual será a cor das células Gram (-) depois de aplicar a coloração primária durante a técnica de coloração de Gram?**

***Chave***: Cor púrpura

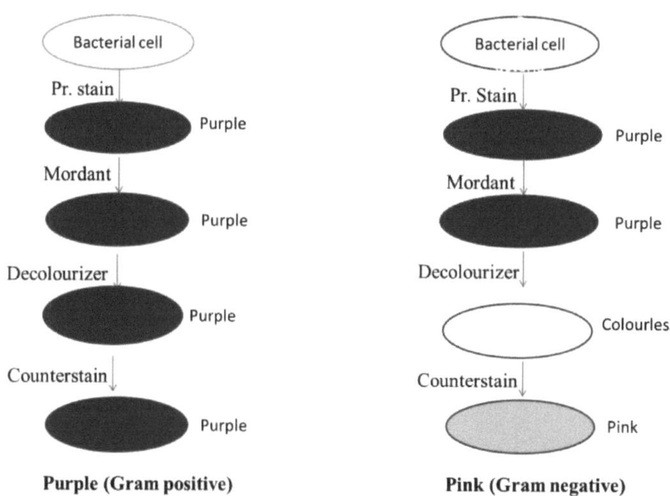


**Fig. 7: Representação esquemática da técnica de coloração de Gram**

**Fecho 12. Qual será a cor das células Gram (-) após a aplicação do descolorizante durante a técnica de coloração de Gram?**

***Chave:*** Incolor

**Bloqueio 13. Porque é que as células Gram (+) não absorvem a coloração de contraste e permanecem roxas durante a técnica de coloração de Gram?**

***Legenda***: As células bacterianas Gram (+) ficam desidratadas e os poros são fechados após a etapa de descoloração. O complexo CV-I fica preso no interior da célula Gram (+). É por isso que, quando se aplica uma coloração de contraste, as células Gram (-) absorvem a safranina e tornam-se cor-de-rosa, enquanto as células Gram (+) não absorvem a safranina e permanecem violetas ou púrpuras.

**Bloqueio 14. Porque é que o mordente é utilizado durante a técnica de coloração de Gram?**

***Legenda***: O mordente actua como um agente de aprisionamento que impede a remoção do complexo CV-I das células.

**Bloqueio 15. Porque é que o passo do descolorizador é considerado um passo crítico durante a coloração de Gram?**

***Legenda***: A diferenciação das células Gram (+) e Gram (-) começa após a etapa de descoloração. Após a etapa de descoloração, as células Gram (+) permanecem de cor púrpura, enquanto as células Gram (-) se tornam incolores. A exposição do descolorante a células Gram (+) durante um período mais longo pode resultar na dissolução do conteúdo lipídico da membrana celular. Isto faz com que as células Gram (+) se assemelhem a células Gram (-) após o procedimento de coloração.

**Bloqueio 16. Que tipo de corante pode substituir o violeta de cristal durante a técnica de coloração de Gram?**

***Chave***: Manchas básicas

**Fecha 17. Porque é que as células bacterianas ficam com uma cor púrpura depois de serem coradas com violeta de cristal?**

***Legenda:*** O violeta de cristal é um tipo de corante básico, ou seja, tem carga positiva. As células bacterianas têm uma carga negativa. Quando o corante primário, ou seja, o violeta de cristal, é aplicado nas células, este liga-se a elas e tinge-as de púrpura.

**Bloqueio 18. Porque é que se prepara um esfregaço fino de cultura e se fixa ao calor antes de iniciar a coloração de Gram?**

***Chave***: A simples lavagem do corante resultaria na remoção das células bacterianas juntamente com o excesso de corante. Por conseguinte, é necessário fixar as células na lâmina antes da coloração. A fixação das células na lâmina pode ser efectuada preparando o esfregaço e secando ao ar ou aquecendo. O calor coagula as proteínas bacterianas, fazendo com que as bactérias adiram à lâmina.

**Bloqueio 19. Porque é que as bactérias Gram (-) aparecem cor-de-rosa após a técnica de coloração de Gram?**

***Legenda***: Após a etapa de descoloração, as células Gram (-) tornam-se incolores. Aplica-se um contracoloração para corar as células Gram (-). As células Gram (-) absorvem a safranina e tornam-se cor-de-rosa.

**Fechadura 20. Porque é que as bactérias ácido-resistentes não são descolorizadas pelo álcool?**

***Legenda***: O ácido micólico é uma substância cerosa que confere às células ácido-resistentes uma maior afinidade pela coloração primária e resistência a descolorantes como o álcool (Fig. 8).

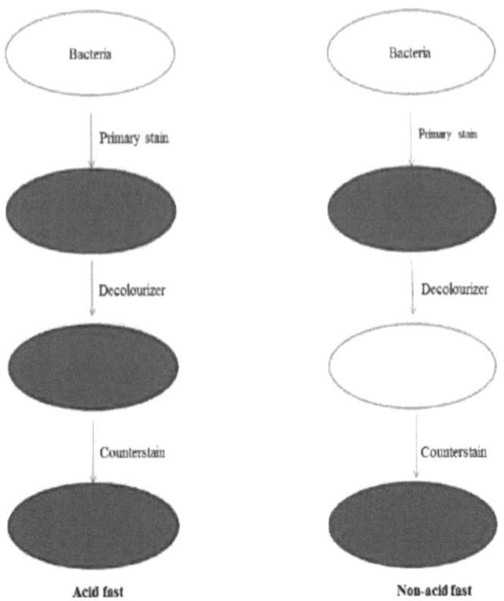


**Fig. 8: Representação esquemática da coloração de Acid-fast**

**Bloqueio 21. Porque é que as micobactérias são designadas por bacilos álcool-ácido resistentes?**

***Legenda:*** As micobactérias são chamadas bacilos álcool-ácido resistentes porque são bactérias em forma de bastonete (bacilos) que podem ser vistas através da coloração ácido-rápida. *O M. tuberculosis* é ácido-rápido (20% $H_2SO_4$) e álcool-rápido (95% álcool). Por vezes, o álcool é utilizado como descolorizante secundário durante a coloração ácido-rápida.

**Bloqueio 22. Por que razão é necessária a coloração das bactérias para as observar ao microscópio?**

***Legenda*:** O índice de refração das células bacterianas é muito próximo do da água, na qual as células são suspensas durante a observação, e também da lâmina na qual são fixadas. Por conseguinte, é difícil observar claramente as células bacterianas. Para ultrapassar este problema, as células são coradas com corantes, de modo a que possam ser observadas claramente contra o meio circundante.

**Bloqueio 23. Porque é que se utiliza óleo de imersão para observar células coradas com uma ampliação de 100X do microscópio de luz?**

***Legenda:*** O poder de resolução do microscópio é diretamente proporcional ao índice de refração. O índice de refração do óleo de imersão é superior ao do ar. É por isso que se aplica uma gota de óleo de imersão sobre as células fixadas.

# CAPÍTULO 7

## TESTE DE MOBILIDADE

**Bloqueio 1. Porque é que o teste de motilidade das bactérias é realizado?**

***Legenda:*** O objetivo do teste de motilidade é verificar se as bactérias podem nadar por meio de organelos locomotores, ou seja, flagelos.

**Trava 2. Como é que as bactérias não-móveis se movem?**

***Legenda***: As bactérias não-móveis deslocam-se através do movimento browniano causado pelo bombardeamento das moléculas de água do meio circundante sobre as células bacterianas.

**Bloqueio 3. Porque é que as amostras húmidas são examinadas imediatamente após a sua preparação?**

***Legenda***: As montagens húmidas devem ser examinadas imediatamente após a sua preparação, uma vez que a motilidade diminui e a água evapora com o tempo.

**Bloqueio 4. Porque é que o inóculo bacteriano é misturado com água durante a execução da técnica de montagem húmida?**

***Legenda***: O inóculo é misturado com uma gota de água durante a experiência porque o índice de refração da água melhora a qualidade da imagem da amostra. A resolução e a qualidade da imagem do espécime são baixas em condições secas.

**Bloqueio 5. Por que razão a fonte de água é um critério importante na realização de experiências de montagem em meio húmido?**

***Importante:*** A seleção da fonte de água é muito importante porque, com uma concentração elevada de sal, o espécime pode perder demasiada água e, com água com baixo teor de sal, o espécime pode rebentar.

**Fechadura 6. O Venkat quer fazer uma experiência de montagem húmida de bactérias marinhas. Qual será a fonte de água para esta experiência?**

*Chave*: Água marinha.

**Fechadura 7. Porque é que a técnica da queda suspensa é designada por "queda suspensa"?**

*Legenda*: A técnica é designada por "gota suspensa" porque a gota permanece intacta na forma côncava da lâmina e fica simplesmente suspensa.

**Fixar 8. Porque é que a técnica de montagem húmida não é considerada adequada para observar a motilidade das bactérias?**

*Legenda*: Na técnica de montagem húmida, a forma e o tamanho das bactérias podem ser observados, mas a motilidade não pode ser vista claramente porque a suspensão bacteriana é pressionada entre a lâmina e a lamela.

**Fecho 9. Por que é que a borda das gotas é o foco da técnica de queda suspensa?**

*Legenda*: Devido à diferença no índice de refração da gota e da lamela, obtém-se um melhor contraste. A gota torna-se mais fina em direção ao bordo, que contém um menor número de bactérias, o que permite observar claramente a motilidade. Focalizar a borda da gota também ajuda a observar claramente a motilidade das bactérias aeróbias, porque as bactérias aeróbias vão para a borda para obter mais oxigénio para a respiração.

**Bloqueio 10. Porque é que se utiliza vaselina ou vaselina durante a experiência da gota suspensa?**

*A chave:* A gelatina forma um selo que impede a evaporação da gota da lamela. A motilidade das bactérias pode ser visualizada corretamente utilizando a gelatina.

**Bloqueio 11. Por que razão são necessárias culturas com 24 horas de idade para o teste de motilidade?**

***Chave***: Apenas as culturas bacterianas com 24 horas de idade (na sua maioria) são metabolicamente activas e as bactérias têm tendência para perder a sua motilidade, à medida que crescem durante um período mais longo.

# CAPÍTULO 8

## TESTES BIOQUÍMICOS

**Fecho 1. Por que razão é efectuado o teste do indole?**

***Legenda:*** O objetivo deste teste é saber se as bactérias produzem indole utilizando o aminoácido triptofano.

**Bloqueio 2. Porque é que o triptofano é suplementado no meio para o teste do indole?**

***Legenda***: O triptofano é adicionado ao meio sob a forma de peptona, que é degradada pela triptofanase das bactérias para produzir indole. O indole reage com o aldeído para produzir um produto de cor vermelha.

**Bloqueio 3. Porque é que se forma um anel de cor vermelho-cereja na camada superior de uma cultura bacteriana produtora de indole?**

***Legenda***: As bactérias segregam triptofanase no meio para degradar o triptofano. O indole, o amoníaco e o piruvato são os subprodutos da degradação do triptofano. O para-dimetilaminobenzaldeído (um dos constituintes do reagente de Kovac) reage com o indole presente no meio e forma um anel de cor vermelho-cereja. O indole é solúvel em compostos orgânicos. O indole é extraído do meio e forma uma camada separada na superfície do meio após a adição de xilano/clorofórmio/éter. Quando se adiciona o reagente de Kovac, este reage com o indole e forma um anel de cor vermelho-cereja na camada superior da cultura (Fig. 9).

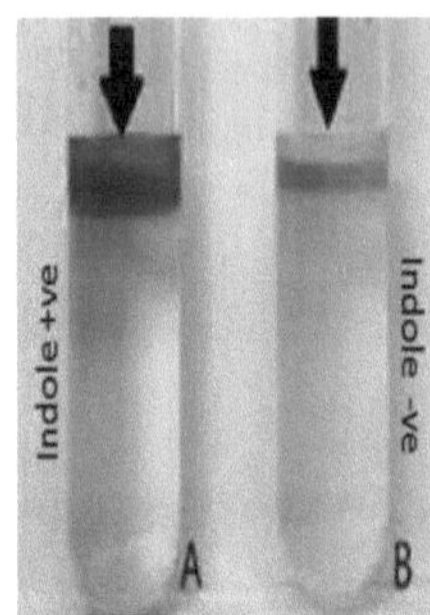


**Fig. 9: Ensaio com indole**

**Trava 4. Qual é a composição do reagente de Kovac?**

*Legenda:* O álcool isoamílico, o para-dimetilaminobenzaldeído e o HCl concentrado são os constituintes do reagente de Kovac. O álcool isoamílico forma um complexo com o corante indole e precipita.

**Bloqueio 5. Qual é a limitação do reagente de Kovac para o teste do indole?**

*Importante*: O reagente de Kovac não é recomendado para testar bactérias anaeróbias produtoras de indole. O Indole Spot Reagent (DMACA) é adequado para bactérias anaeróbias.

**Bloqueio 6. Por que razão é efectuado o teste do vermelho de metilo?**

*Legenda*: O teste do vermelho de metilo determina se as bactérias efectuam a fermentação ácida mista quando lhes é fornecida glucose.

**Fechadura 7. Por que razão se forma a cor vermelho cereja no meio para as bactérias positivas para vermelho de metilo?**

*Legenda*: Na fermentação ácida mista, formam-se três ácidos (acético, lático e succínico) em quantidade suficiente. A produção destes ácidos resulta numa queda significativa do pH do meio (pH 4,4). Isto é visualizado utilizando o indicador de pH vermelho de metilo (ácido p-dimetilaminoaeobenzeno-o-carboxílico), que é vermelho a pH 4,4 (Fig. 10).

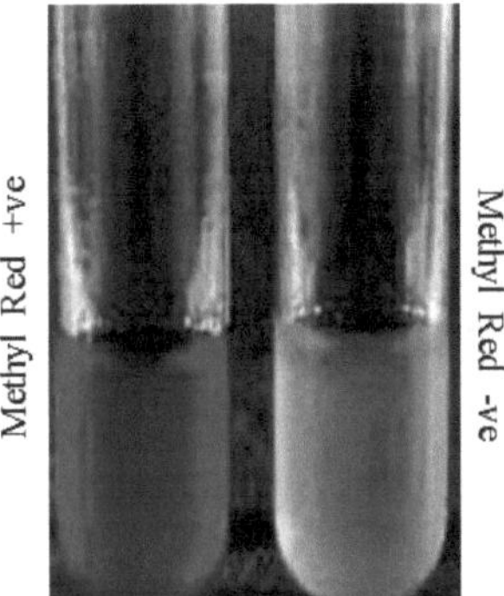


**Fig. 10: Ensaio do vermelho de metilo**

**Trava 8. A Zeba efectuou o teste do vermelho de metilo para a cultura bacteriana em causa. Depois de adicionar algumas gotas de vermelho de metilo ao meio, formou-se uma cor laranja intermédia. Porquê? Isso indica que o vermelho de metilo é positivo para a cultura bacteriana em causa?**

***Legenda:*** Foi observada uma cor laranja intermédia (entre o amarelo e o vermelho) porque a cultura bacteriana pode ter produzido quantidades menores de ácidos no meio. Não indica um teste positivo para a cultura bacteriana em causa.

**Fecho 9. Por que razão é efectuado o teste de Voges-Proskauer?**

***Legenda***: Este teste determina se as bactérias produzem 2,3-butanodiol como um produto de fermentação a partir da glucose. Determina a capacidade de algumas bactérias produzirem um produto final não ácido ou neutro.

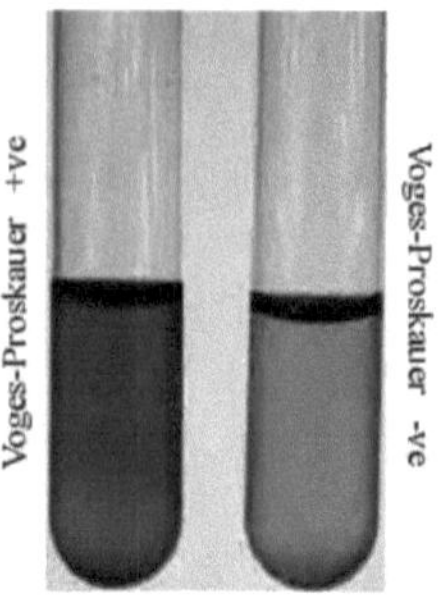


**Fig. 11: Ensaio de Voges-Proskauer**

**Bloqueio 10. Qual é a composição do reagente de Barritt utilizado no ensaio de Voges-Proskauer?**

***Legenda:*** α-naftol e solução de KOH a 40%.

**Trava 11. Porque é que o meio fica vermelho para as bactérias Voges-Proskauer positivas?**

***Legenda***: A acetoína (acetilmetilcarbinol) é oxidada a diacetilo na presença de KOH. O KOH absorve o $CO_2$ presente no meio e actua como um agente oxidante que converte a acetoína em diacetilo. A reação é catalisada pelo a-naftol. O diacetilo reage com os compostos que contêm guanidina no meio e forma uma cor vermelha (Fig. 11).

**Fecho 12. Durante a realização do teste de Voges-Proskauer, o α-naftol é adicionado primeiro, seguido de KOH. Porquê?**

***Legenda***: Se o reagente for adicionado na ordem inversa, pode resultar na reação de fraco positivo e falso negativo.

**Bloqueio 13. Qual é o objetivo do teste de utilização de citratos em Bacteriologia?**

***Legenda:*** O teste de utilização de citrato é efectuado para determinar se um organismo pode ou não utilizar citrato como fonte de energia. O teste baseia-se na capacidade de um organismo utilizar o citrato como única fonte de carbono.

**Trava 14. Porque é que o meio de ágar Citrato de Simmon fica azul se as bactérias utilizam citrato como fonte de energia?**

***Legenda:*** O citrato é clivado pela citrato liase em oxaloacetato e acetato. O oxaloacetato é então metabolizado em piruvato e $CO_2$ . O piruvato é metabolizado em acetato e formiato em condições alcalinas. O lactato e a acetoína também são produzidos em pH neutro e ácido. O carbonato de sódio, um composto alcalino, é subsequentemente produzido pela reação do $CO_2$ , da água e dos iões de sódio no meio. O resultado é o aumento do pH. O azul de bromotimol (indicador de pH) é verde em pH neutro e muda para azul em pH alcalino (acima de 7,6) (Fig. 12).

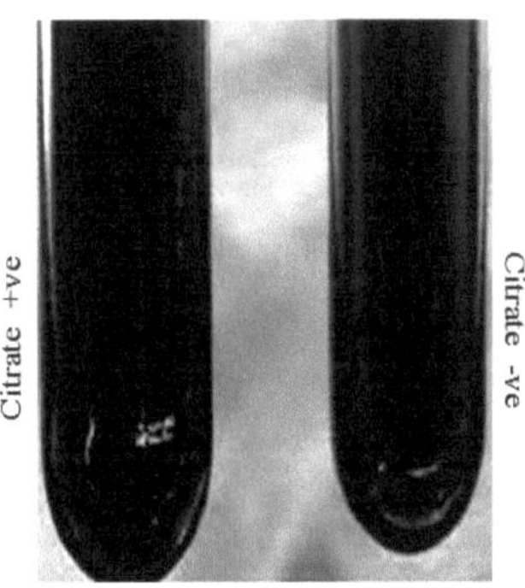


**Fig. 12: Teste de utilização de citrato**

**Bloqueio 15. Porque é que o ágar citrato de Simmon tem uma cor verde média?**

***Legenda:*** Devido à presença de azul de bromotimol.

**Bloqueio 16. Por que razão são colhidos inóculos leves de bactérias para o teste de utilização de citratos?**

***Legenda:*** Os inóculos ligeiros de bactérias são selecionados para o teste de utilização de citratos porque as bactérias de inóculos pesados podem ser mal interpretadas como um teste positivo

**Fechadura 17. Porque é que o teste da urease é realizado em Bacteriologia?**

***Legenda***: O teste da urease é efectuado para determinar a capacidade da bactéria para degradar a ureia.

**Bloqueio 18. Porque é que o meio de ágar de Christensen fica cor-de-rosa se as bactérias forem urease positivas?**

***Legenda***: A urease bacteriana hidrolisa a ureia em dióxido de carbono e amoníaco. Os meios contêm 2% de ureia e vermelho de fenol como indicador de pH. A produção de amoníaco resulta num aumento do pH do meio. O resultado é uma alteração da cor do meio de amarelo (pH 6,8) para rosa (pH 8,2) (Fig. 13).

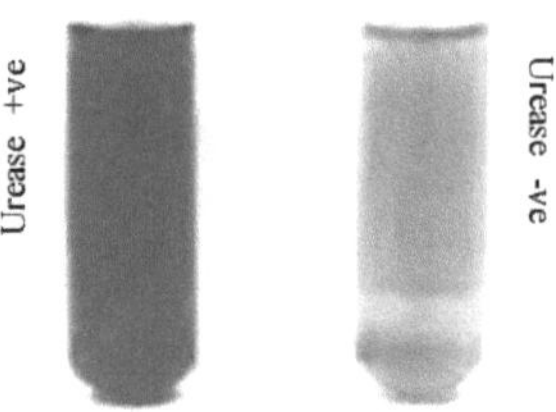


**Fig. 13: Teste da urease**

**Bloqueio 19. Porque é que a ureia é adicionada separadamente após a esterilização do meio?**

***Importante:*** Os meios não são esterilizados juntamente com a ureia porque a ureia é sensível ao calor. A ureia decompõe-se com o aquecimento. A esterilização da ureia por filtração é preferível à esterilização húmida.

**Bloqueio 20. Por que razão é efectuado o teste da catalase?**

***Legenda***: Este teste é realizado para identificar as bactérias que decompõem o peróxido de hidrogénio através da produção de catalase.

**Bloqueio 21. Porque é que a formação de bolhas ocorre durante o teste da catalase (para bactérias catalase positivas)**

***Legenda***: A catalase decompõe o peróxido de hidrogénio ($H_2O_2$) em água e oxigénio. Esta reação é evidente pela rápida formação de bolhas devido à evolução do gás $O_2$ (Fig. 14).

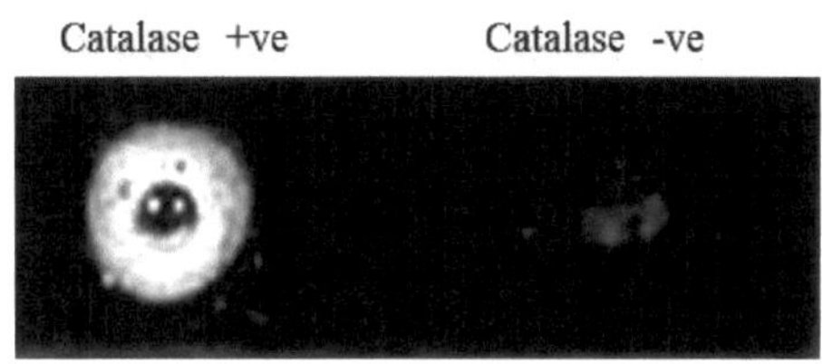


**Fig. 14: Teste da catalase**

**Bloqueio 22. O Estêvão efectuou o teste da catalase para uma determinada cultura bacteriana. Após a adição de peróxido de hidrogénio à cultura, observou a formação de pequenas bolhas após 30 segundos (e não a formação rápida de bolhas). Porquê? Pode ser considerado um resultado positivo para a catalase da cultura bacteriana em causa?**

***Legenda***: Algumas bactérias possuem outras enzimas para além da catalase que podem decompor o peróxido de hidrogénio. A formação de pequenas bolhas após 30 segundos deve-se à produção de outras enzimas pelas bactérias. A cultura bacteriana em causa não pode ser considerada como catalase positiva.

**Fechadura 23. Ashwin raspou colónias bacterianas juntamente com sangue da placa de ágar sangue para realizar o teste da catalase. Observou a formação de bolhas após a adição de peróxido de hidrogénio. Porque é que o resultado não pode ser considerado positivo para a catalase?**

***Legenda***: O meio de ágar sangue contém sangue. As células sanguíneas são catalase positivas. A formação de bolhas pode dever-se às células sanguíneas e não à cultura bacteriana que pode dar um resultado falso positivo.

**Bloqueio 24. Qual é o objetivo do teste da oxidase?**

***Legenda***: O teste da oxidase é utilizado para determinar se uma bactéria produz determinadas oxidases do citocromo c.

**Bloqueio 25. Porque é que o disco da oxidase fica azul escuro ou púrpura se a cultura bacteriana em causa for oxidase positiva?**

***Legenda***: Os discos de oxidase são impregnados com *A',A',A",A"-tetrametil-* /- fenilenodiamina (TMPD) ou *N,*N-dimetil-/-fenilenodiamina (DMPD). O reagente torna-se azul-escuro quando oxidado. O reagente oxidado forma o indofenol (azul ou púrpura).

Tetramethyl p-phenylene diamine
(Colourless Oxidase reagent)

Cytochrome oxidase

Indophenol (Purple colour)

**Bloqueio 26. Porque é que a ansa de nicrómio não é considerada para colher colónias de bactérias ou culturas para o teste da oxidase?**

***Chave:*** A ansa de nicrómio pode oxidar o reagente. Por conseguinte, a ansa de platina é preferível à ansa de nicrómio.

**Bloqueio 27. Por que razão é efectuada a análise da fenilalanina desaminase?**

***Legenda***: Este teste bioquímico é efectuado para saber se as bactérias degradam a fenilalanina através da produção de fenilalanina desaminase.

**Trava 28. Porque é que o meio fica verde se as bactérias produzem fenilalanina desaminase?**

***A chave***: A presença de fenilalanina desaminase nas bactérias provoca a degradação do aminoácido fenilalanina. A enzima remove o grupo amina da fenilalanina e liberta o grupo amina como amoníaco livre. Como resultado desta reação, é também produzido ácido fenilpirúvico. O produto de degradação liga-se ao composto de ferro para produzir uma cor verde (Fig. 15).

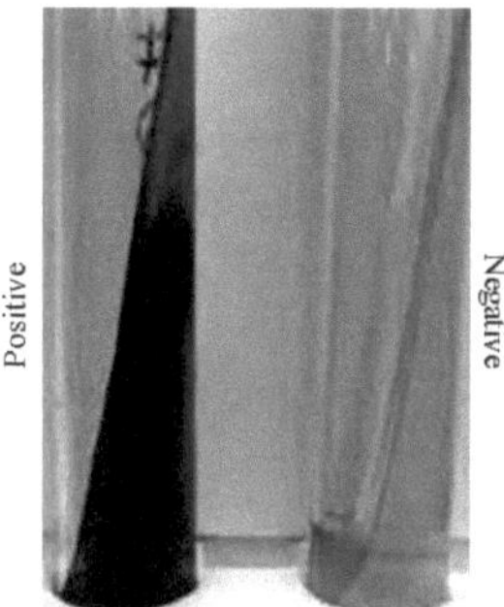


**Fig. 15: Teste da fenilalanina desaminase**

**Bloqueio 29. Porque é que o cloreto férrico é adicionado ao meio durante a realização do teste da fenilalanina desaminase para bactérias?**

***Legenda:*** Após a incubação, adiciona-se cloreto férrico ao meio. Se for produzido ácido fenilpirúvico, este reage com o cloreto férrico e torna-se verde.

**Bloqueio 30. Qual é o objetivo do teste de produção de sulfureto de hidrogénio em Bacteriologia?**

***Legenda***: Este teste é efectuado para saber se as bactérias reduzem os compostos contendo enxofre a sulfuretos.

**Bloqueio 31. Porque é que o meio TSIA (Triple Sugar Iron agar) é utilizado para o teste do sulfureto de hidrogénio?**

***Legenda***: Algumas bactérias têm a capacidade de utilizar um ou mais dos três açúcares, como a glucose, a sacarose e a lactose. Se um ou mais dos três açúcares (açúcares triplos) forem utilizados, é produzido ácido. O TSIA é uma combinação de três açúcares, nomeadamente glucose, sacarose e lactose. O TSIA contém um composto de ferro (Fig. 16). Se as bactérias tiverem a capacidade de produzir $H_2$ S, o composto de ferro combina-se com o $H_2S$ e o meio adquire uma cor preta.

**Bloqueio 32. Porque é que o teste do sulfureto de hidrogénio é chamado de teste do ferro triplo açúcar?**

***Legenda***: Uma vez que são utilizados três açúcares (glucose, sacarose e lactose) e um composto de ferro (sulfato ferroso) no meio, o teste é designado por teste triplo açúcar-ferro.

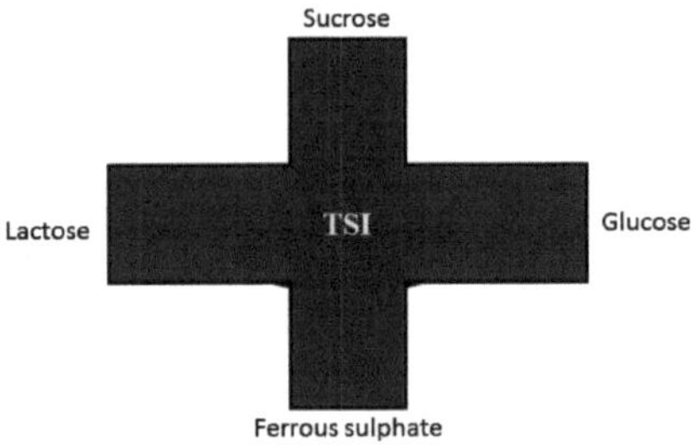


**Fig. 16: Composição da ETI**

**Bloqueio 33. Por que razão se forma uma precipitação negra durante o ensaio do sulfureto de hidrogénio?**

***Legenda:*** Algumas bactérias têm a capacidade de produzir sulfureto de hidrogénio ($H_2$ S) através da utilização de compostos de enxofre. O $H_2$ S combina-se com o sulfato ferroso para formar precipitados negros de sulfureto ferroso (Fig. 17).

**Fig. 17: Ensaio de sulfureto de hidrogénio**

**Bloqueio 34. Por que razão é efectuado o teste de fermentação da lactose?**

***Legenda***: O objetivo deste teste é saber se as bactérias são capazes de fermentar a lactose ou não.

**Bloqueio 35. Porque é que o meio fica amarelo para a bactéria que apresenta um teste de fermentação da lactose positivo?**

***Legenda:*** Se a lactose for fermentada pela bactéria, o pH do meio alterar-se-á devido à acumulação de ácido. O vermelho de fenol (de cor vermelha em pH neutro) é adicionado ao caldo de lactose como indicador de pH, que se torna amarelo em pH ácido.

**Bloqueio 36. Porque é que as bactérias produzem catalase?**

***Legenda***: Durante o metabolismo aeróbico, acumula-se peróxido de hidrogénio tóxico ($H_2O_2$). Se o peróxido de hidrogénio se acumular, torna-se tóxico para o organismo. É por isso que as bactérias produzem catalase para decompor o $H_2O_2$.

# CAPÍTULO 9

## CURVA DE CRESCIMENTO BACTERIANO

**Bloqueio 1. Porque é que o grau de turvação da cultura em caldo é medido para a análise do crescimento bacteriano?**

***Legenda:*** O grau de turvação da cultura em caldo está diretamente relacionado com a população bacteriana que é medida por espetrofotómetro. É um método rápido de medir a taxa de crescimento celular das bactérias. Assim, o aumento da turvação do caldo indica um aumento da massa celular bacteriana e do seu crescimento.

**Trava 2. Porque é que o crescimento das bactérias é medido em termos de absorvância?**

***Legenda***: O crescimento da bactéria é medido em termos de Absorvância (A) porque a biomassa bacteriana é diretamente proporcional à absorvância. A quantidade de luz transmitida através do caldo turvo diminui com o aumento subsequente do valor da absorvância.

$$\text{Absorbance} \propto \text{Biomass} \propto \frac{1}{\text{Transmission}}$$

**Fechadura 3. Edward inoculou uma cultura bacteriana que crescia num meio rico num meio nutricionalmente pobre. Ele observou um aumento na fase lag da cultura bacteriana inoculada. Porquê?**

***Legenda***: Quando as bactérias que crescem num meio rico são inoculadas num meio nutricionalmente pobre, o organismo levará mais tempo a adaptar-se ao novo ambiente. As bactérias começarão a sintetizar as proteínas, co-enzimas e vitaminas necessárias para o seu crescimento e, por isso, Edward observou um aumento subsequente na fase de atraso da cultura bacteriana inoculada.

**Fechadura 4. Aarti inoculou uma cultura bacteriana que crescia num meio nutricionalmente pobre num meio rico. Ela observou uma diminuição na fase lag da cultura bacteriana inoculada. Porquê?**

***Legenda:*** Quando as bactérias de um meio nutricionalmente pobre são adicionadas a um meio nutricionalmente rico, as bactérias podem adaptar-se facilmente ao ambiente. A divisão celular começa sem qualquer atraso, pelo que Aarti observou uma diminuição da fase lag da cultura bacteriana.

**Bloqueio 5. Porque é que a fase logarítmica do crescimento bacteriano é designada como a fase de crescimento rápido?**

***Chave*:** Esta é a fase em que a replicação do ADN começa por fissão binária. A população bacteriana aumenta exponencialmente e, finalmente, as células dividem-se.

**Bloqueio 6. Porque é que a terceira fase da curva de crescimento bacteriano é designada por fase estacionária?**

***Chave*:** Esta fase é chamada de fase estacionária porque o crescimento é estabilizado nesta fase. Esta é a fase em que se inicia o esgotamento dos nutrientes essenciais. A taxa de crescimento e a taxa de mortalidade são iguais nesta fase.

**Fechadura 7. Porque é que a taxa de mortalidade é maior quando comparada com a taxa de crescimento na fase de morte da curva de crescimento bacteriano?**

***Chave*:** A taxa de mortalidade é maior quando comparada com a taxa de crescimento na fase de morte porque, nesta fase, os metabolitos tóxicos acumulam-se devido à depleção de nutrientes. O esgotamento de nutrientes pára o crescimento das bactérias. As bactérias deixam de se reproduzir em condições desfavoráveis, o que resulta na morte.

**Fecho 8. Porque é que a curva de crescimento bacteriano é designada por curva "Sigmoide" ou em forma de "S"?**

**Legenda**: Quando os recursos são abundantes, as bactérias apresentam um crescimento exponencial, resultando numa curva de crescimento em forma de J. Quando os recursos começam a esgotar-se, as bactérias apresentam uma fase logística que resulta numa diminuição da população bacteriana. O crescimento bacteriano torna-se em forma de S quando a capacidade de carga do ambiente é atingida (Fig. 18).

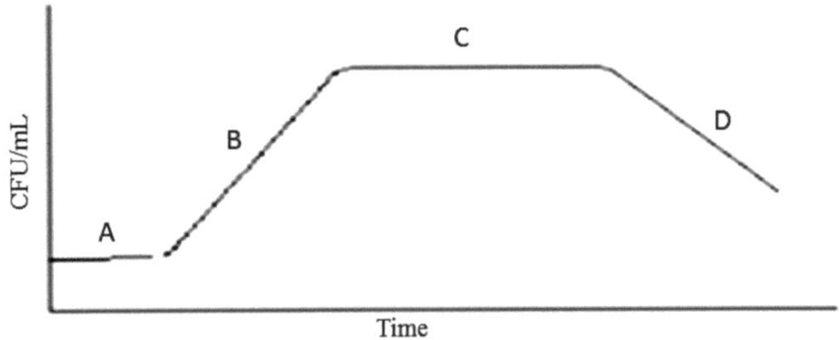


A = Lag phase ; B = Log phase ; C = Stationary phase ; D = Death phase

**Fig. 18: Curva de crescimento das bactérias**

**Fecho 9. O João inoculou um antibiótico (com um valor sub-MIC) na cultura de bactérias em fase lag. Após 24 horas de incubação, observou um aumento no valor da absorvância da cultura bacteriana quando comparada com as bactérias de controlo (bactérias sem a inoculação do antibiótico). Porquê?**

***A chave:*** O antibiótico é tóxico para as bactérias. As bactérias têm a capacidade de se dividir mais para libertar a toxicidade da célula. As bactérias testadas dividem-se mais para libertar a toxicidade do antibiótico. Por isso, o João observou mais turbidez e absorvância na cultura quando comparada com a cultura de controlo.

**Bloqueio 10. A Jyoti inoculou nitrato de prata (com um valor de CIM) na cultura de fase lag das bactérias. Após 24 horas de incubação,**

**observou uma diminuição no valor da absorvância da cultura bacteriana quando comparada com as bactérias de controlo (bactérias sem a inoculação de nitrato de prata). Porquê?**

***Legenda:*** A CIM é a concentração mínima ou a diluição máxima do agente que inibe o crescimento bacteriano. Neste caso, a Jyoti inoculou nitrato de prata com o valor da CIM na cultura de fase lag das bactérias, o que resultou na inibição do crescimento bacteriano. É por isso que ela observou uma redução do crescimento bacteriano no meio.

**Fecho 11. Porque é que as bactérias se dividem?**

**Legenda**: Uma entidade viva como uma célula é um padrão particular de conetividade entre os seus constituintes. Isto significa que se as células em crescimento aumentassem a conetividade média entre os seus constituintes por unidade de massa, a sua "conetividade celular" diminuiria e a célula perderia a sua identidade. A solução é a divisão, que restaura a conetividade. A célula detecta a diminuição da conetividade celular e utiliza esta informação para desencadear a divisão.

**Fecho 12. Porque é que as bactérias se dividem mais rapidamente do que as células eucarióticas?**

***Legenda:*** As bactérias dividem-se por fissão binária, ou seja, o processo de divisão é muito rápido. Por outro lado, as células eucarióticas sofrem mitose - um processo complexo em que a replicação ocorre em constante colaboração com o citoesqueleto, que separa as réplicas em duas células filhas.

# CAPÍTULO 10

## TESTE DE SUSCEPTIBILIDADE ANTIBACTERIANA

**Bloqueio 1. Qual é o objetivo da realização do teste de suscetibilidade antibacteriana de um isolado bacteriano específico?**

***Legenda:*** O objetivo deste teste é detetar a resistência aos medicamentos em bactérias patogénicas. Esta técnica assegura a suscetibilidade a medicamentos de eleição para determinadas bactérias.

**Bloqueio 2. Porque é que o Ágar Mueller Hinton é adequado para a determinação do teste antibacteriano?**

***Importante***: O ágar Mueller-Hinton é o meio mais adequado para testes antibacterianos de rotina porque permite uma reprodutibilidade aceitável de lote para lote para testes de suscetibilidade. Suporta o crescimento satisfatório da maioria dos agentes patogénicos não fastidiosos. Tem um baixo teor de inibidores de sulfonamidas, trimetoprim e tetraciclina.

**Bloqueio 3. Anderson realizou um teste antibacteriano para o extrato etanólico das folhas da planta utilizando o método de difusão em poço de ágar. Verteu 0,1 ml de solvente num poço separado como controlo negativo. Porquê?**

***Legenda***: Uma vez que o extrato é dissolvido em etanol para realizar o teste antibacteriano, o etanol também pode mostrar atividade bactericida juntamente com o extrato (no caso de existirem vestígios de etanol no extrato). Nesse caso, será difícil saber se a zona de inibição se deve ao extrato ou ao etanol. É por isso que se deitou etanol também num outro poço como controlo negativo.

**Bloqueio 4. Porque é que a zona de inibição é medida após a realização de um teste antibacteriano?**

***Legenda:*** O diâmetro da zona de inibição na placa de ágar indica a eficácia ou a ação inibitória do potencial agente antibacteriano contra as bactérias testadas. O diâmetro da zona de inibição está relacionado com a taxa de difusão do fármaco. O tamanho da zona depende do grau de eficácia do agente antibacteriano para inibir o crescimento bacteriano. Um agente antibacteriano mais forte criará uma zona de inibição maior na placa de ágar.

**Bloqueio 5. Porque é que o teste de difusão em disco é designado por método de Kirby-Bauer?**

***Legenda***: A técnica de difusão em disco é chamada de método Kirby-Bauer porque o teste foi descoberto por dois cientistas, Kirby e Bauer.

**Fechadura 6. O Kevin efectuou o teste antibacteriano da amostra dada. Após a incubação durante a noite, virou a placa de ágar em posição invertida. Porquê?**

***Chave***: O Kevin virou a placa em posição invertida para evaporar a gota de água condensada depositada no interior da tampa das placas de Petri durante a incubação nocturna.

**Trave 7. Porque é que a zona de inibição se forma se o agente antibacteriano é eficaz contra as bactérias testadas?**

***Legenda***: A concentração do agente antibacteriano será mais elevada junto ao disco ou poço. A concentração diminui à medida que a distância do disco ou do poço aumenta. Se o agente antibacteriano for eficaz contra as bactérias a uma determinada concentração, haverá ausência de crescimento bacteriano quando a concentração do agente no ágar for superior ou equivalente à concentração eficaz do agente antibacteriano. Isto resulta na formação de uma zona de halo clara à volta do disco ou do poço, designada por zona de inibição.

**Fecho 8. Ao efetuar um teste antibacteriano numa placa de ágar, recomenda-se que se esfregue a cultura bacteriana completamente no bordo da placa de ágar. Porquê?**

***Chave:*** Esfregar o bordo da placa de ágar resulta num crescimento uniforme da cultura bacteriana em todo o meio. Se a cultura bacteriana for suscetível ao agente antibacteriano, o diâmetro da zona de inibição pode ser medido corretamente devido ao esfregaço e à inibição do crescimento bacteriano no bordo da placa de ágar.

**Fechadura 9. A Priyanka realizou o teste de suscetibilidade antibacteriana do extrato da planta em questão. Ela embebeu os discos com o extrato e colocou-os imediatamente na placa de ágar. Após uma noite de incubação na incubadora, observou que alguns discos foram deslocados da sua posição original. Porquê?**

***Chave***: Neste caso, Priyanka manteve os discos embebidos na placa de ágar sem os secar durante algum tempo. O resultado é o deslizamento dos discos sobre a placa de ágar devido ao extrato (extrato misturado com solvente). Foi por isso que observou que alguns dos discos não estavam na posição correta.

**Bloqueio 10. Porque é que os discos que contêm a amostra são pressionados suavemente sobre o meio de ágar antes da incubação?**

***Legenda:*** Os discos que contêm a amostra são pressionados suavemente antes da incubação para garantir que os discos estão fixados no ágar. Caso os discos não sejam pressionados suavemente sobre a placa de ágar, existe uma grande probabilidade de os discos se deslocarem ou caírem da placa de ágar durante a incubação em posição invertida.

**Fecho 11. Porque é que o pH do meio desempenha um papel importante durante o teste de atividade antibacteriana?**

***Importante***: A variação do pH do meio pode alterar a atividade antibacteriana, resultando numa maior ou menor zona de inibição.

**Bloqueio 12. Qual é o objetivo do teste de suscetibilidade aos antibióticos de um isolado bacteriano específico?**

*Legenda*: Este teste é normalmente realizado para determinar a suscetibilidade de bactérias patogénicas a vários antibióticos.

**Bloqueio 13. Porque é que a determinação da CIM é um critério importante para determinar a atividade de um agente antibacteriano contra as bactérias?**

*Legenda*: A determinação da CIM de um determinado agente antibacteriano contra as bactérias diz respeito à concentração mínima do agente antibacteriano necessária para inibir o crescimento das bactérias. Se o agente antibacteriano for eficaz contra as bactérias numa determinada concentração, podem ser desenvolvidos medicamentos eficazes com essa concentração mínima de agente antibacteriano para erradicar doenças.

**Bloqueio 14. Aarti efectuou o teste MIC de um agente antibacteriano utilizando o ensaio de microdiluição. Após a adição de MTT como indicador no**

**bem, o crescimento bacteriano foi indicado pela mudança de cor de amarelo para roxo escuro. Porquê?**

*Legenda:* A cor púrpura escura forma-se devido à reação do MTT com bactérias vivas. O desenvolvimento da cor púrpura revela o crescimento bacteriano devido à formação de formazan azul ou púrpura. A cor amarela indica que não há crescimento bacteriano.

**Bloqueio 15. Por que razão é efectuada a concentração máxima tolerável (MTC) de um agente antibacteriano?**

*Legenda*: Este teste é efectuado para determinar a concentração máxima de um agente antibacteriano que pode ser resistido pelas bactérias.

# CAPÍTULO 11

## BACTÉRIAS E MEIO DE CRESCIMENTO

**Fechadura 1. Porque é que *as Escherichia* sp. são Gram negativas?**

***Legenda:*** *A Escherichia* sp. apresenta coloração Gram negativa porque tem uma parede celular fina com apenas 1 a 2 camadas de peptidoglicano. Após a etapa de descoloração da técnica de coloração de Gram, a camada de peptidoglicano é lavada, expondo o citoplasma. A safranina cora o citoplasma de cor-de-rosa. As bactérias Gram negativas *(Escherichia* sp.) apresentam uma coloração cor-de-rosa ao microscópio ótico (Fig. 19).

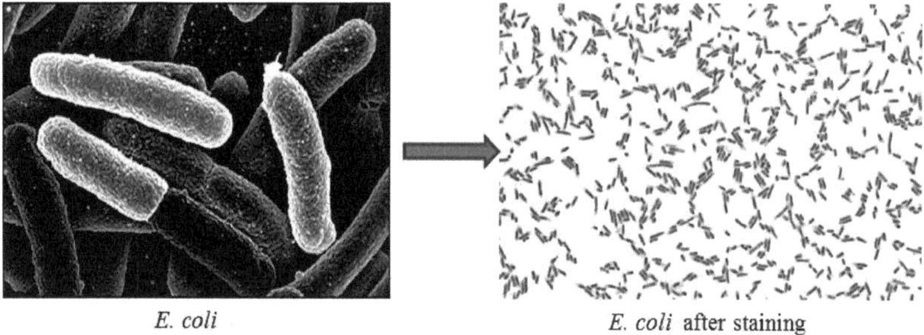


**Fig. 19: Células *de E. coli* (imagem SEM) e sua coloração**

**Fecho 2. Porque é que *a Escherichia coli* é uma bactéria procariótica amplamente estudada para aplicações biotecnológicas?**

***O que é importante:*** As caraterísticas únicas e salientes da *Escherichia coli* tornam-na importante no domínio da biotecnologia. O genoma simples da *E. coli,* a taxa de crescimento à temperatura ambiente, a facilidade de manuseamento, o processo de cultivo simples, a sequência genética completa, a competência como hospedeiro, o menor tempo de geração e a sua natureza anaeróbia facultativa distinguem estas bactérias de outras no processo de seleção para aplicações biotecnológicas.

**Bloqueio 3. Porque é que o meio de ágar azul de eosina-metileno (EMB) é utilizado para o isolamento de *E. coli*?**

***Legenda:*** O ágar azul de eosina-metileno é um meio seletivo para bactérias gram-negativas *(E. coli)* e resiste ao crescimento de bactérias gram-positivas. O corante azul de metileno (componente do EMB) presente no meio inibe o crescimento de bactérias gram-positivas.

**Trava 4. Porque é que as colónias de *E. coli* têm um brilho verde metálico no meio de ágar EMB?**

***Legenda***: *A E. coli* acidifica o meio através da fermentação da lactose. A eosina (componente do EMB) muda de cor de incolor para preto a pH baixo. A pH baixo, tanto a eosina como o corante azul de metileno precipitam, dando origem a colónias com brilho metálico verde.

**Bloqueio 5. A sacarose é também adicionada aos meios EMB. Porquê?**

***Legenda***: A sacarose diferencia os coliformes que foram capazes de fermentar a sacarose mais rapidamente do que a lactose.

**Bloqueio 6. Porque é que o caldo LB é o meio mais utilizado para a cultura de *E. coli* em bacteriologia?**

***Legenda***: O caldo LB é o meio mais utilizado nos laboratórios de bacteriologia para a cultura de *E. coli* porque é fácil de preparar devido à sua composição simples. Para além disso, está prontamente disponível e também tem nutrientes ricos. As estirpes *de E. coli* crescem frequentemente de forma razoavelmente rápida em caldo LB na fase logarítmica inicial, uma vez que a osmolaridade do meio está próxima do valor ótimo para o crescimento bacteriano.

**Bloqueio 7. Porque é que o magnésio ($Mg^{2+}$ ) é adicionado ao meio de crescimento?**

***Legenda:*** O magnésio ($Mg^{2+}$ ) aumenta as densidades celulares dos meios de crescimento bacteriano normalmente utilizados.

**Fixação 8. Por vezes, recomenda-se que a cultura seja mantida numa incubadora com agitação a uma velocidade de agitação mais elevada. Porquê?**

***Chave***: A cultura é mantida a uma velocidade de agitação elevada (rpm) de modo a obter um aumento significativo da densidade celular. A agitação aumentará o arejamento para o crescimento bacteriano.

**Trava 9. Para o teste de capacidade de produção de proteínas, as bactérias com elevada densidade celular não são consideradas. Porquê?**

***Chave***: As bactérias perdem a capacidade de produção de proteínas quando a densidade celular é elevada.

**Bloqueio 10. Porque é que os meios de crescimento de alta densidade aumentam a solubilidade das proteínas?**

***Importante***: Os meios de cultura de alta densidade contêm vestígios de metais, minerais e vitaminas que podem servir como grupos prostéticos, co-factores ou ligandos para proteínas recombinantes. Estes grupos prostéticos, co-factores ou ligandos são frequentemente críticos para a dobragem e solubilidade das proteínas. Por conseguinte, muitas proteínas são solúveis quando expressas nestes meios.

**Bloqueio 11. Porque é que os meios de cultura de alta densidade não são recomendados para agitar a baixa velocidade de agitação?**

***Legenda***: Os valores de absorvância serão menores a velocidades de agitação mais baixas. A baixas velocidades de agitação, a concentração de oxigénio é limitada no meio, o que resulta na produção de uma grande quantidade de ácidos no meio de crescimento e torna o meio ácido. Por conseguinte, não se recomenda a agitação de meios de cultura de elevada densidade a baixas velocidades de agitação.

**Bloqueio 12. Por vezes, o meio de cultura de alta densidade é mantido a baixa temperatura (<37°C). Porquê?**

*Chave:* As temperaturas inferiores a 370C são frequentemente utilizadas para induzir a expressão de proteínas insolúveis ou tóxicas.

**Fecho 13. Porque é que os frascos são preferidos aos tubos para o crescimento bacteriano?**

*Legenda*: Os frascos (frascos mais pequenos) permitem um melhor arejamento do que os tubos de cultura.

**Bloqueio 14. Porque é que *os Staphylococcus aureus* tornam o meio amarelo quando cultivados em meio de ágar-sal Manitol (MSA)?**

***Legenda:*** *O Staphylococcus aureus* fermenta o manitol, alterando assim a cor do meio MSA de vermelho para amarelo.

**Bloqueio 15. Porque é que as células *de Pseudomonas* sp. aparecem cor-de-rosa ao microscópio ótico após a coloração de Gram?**

***Legenda:*** *As Pseudomonas* sp. são Gram negativas. Têm uma parede celular fina com apenas 1 a 2 camadas de peptidoglicano. Após a etapa de descolonização da técnica de coloração de Gram, a camada de peptidoglicano é lavada, expondo o citoplasma. A safranina cora o citoplasma de cor-de-rosa. Por conseguinte, as bactérias Gram negativas aparecem cor-de-rosa ao microscópio de luz (Fig. 20).

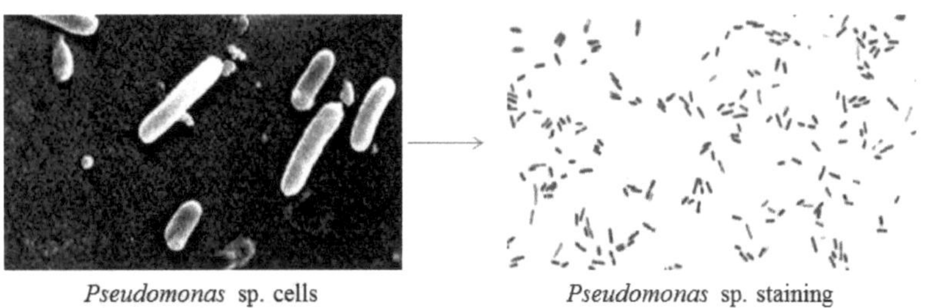


**Fig. 20: Células *de Pseudomonas* sp. (imagem SEM) e sua coloração**

**Bloqueio 16. Porque é que as colónias de *Pseudomonas aeruginosa* são de cor verde no meio de ágar King's B?**

***Legenda:*** O meio foi concebido para aumentar a produção de piocianina. O meio contém um baixo teor de fósforo, glicerol, cloreto de magnésio e sulfato de potássio. Todos os constituintes do meio promovem a produção de piocianina. A produção de piocianina é exclusiva da *Pseudomonas aeruginosa* e é notada como um pigmento azul-esverdeado solúvel em água que confere uma cor esverdeada ao meio.

**Trava 17. Porque é que *Bacillus* sp. aparece com uma cor púrpura ao microscópio de luz após a coloração de Gram?**

***Legenda:*** *Bacillus* sp. é uma bactéria Gram positiva. Após a etapa de descoloração da técnica de coloração de Gram, as células bacterianas Gram (+) ficam desidratadas e os poros são fechados. O complexo CV-I fica preso no interior da célula Gram (+). É aplicada uma coloração de contraste para corar as células. As células Gram (+) não absorvem a safranina e permanecem de cor violeta. Assim, *Bacillus* sp. aparece com uma cor violeta ou púrpura ao microscópio de luz (Fig. 21).

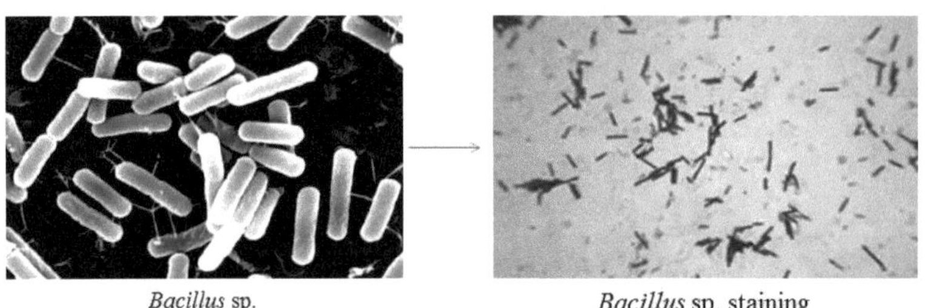


**Fig. 21: Células *de Bacillus* sp. (imagem SEM) e sua coloração**

**Bloqueio 18. Como é que *Bacillus* sp. sobrevive num ambiente desfavorável?**

***Legenda:*** Devido à formação de endosporos no interior das células.

**Fechadura 19. Porque é que *os Actinomicetos* se assemelham aos fungos?**

***Legenda***: *Os actinomicetos* são os organismos que possuem caraterísticas comuns às bactérias e aos fungos. *Os actinomicetos* assemelham-se aos fungos porque produzem hifas e conídios/esporângios semelhantes aos dos fungos. Também decompõem materiais semelhantes aos dos fungos.

**Bloqueio 20. Porque é que o género *Rhizobium* é designado por bactérias fixadoras de azoto?**

***Legenda***: Os rizóbios são designados por bactérias fixadoras de azoto porque fixam o azoto atmosférico numa forma mais facilmente útil de azoto no interior dos nódulos radiculares das leguminosas. O azoto é exportado dos nódulos e utilizado para o crescimento da leguminosa.

**Bloqueio 21. Porque é que o extrato de levedura, o manitol, o magnésio e o vermelho Congo são adicionados aos meios de cultura de *Rhizobium* sp.**

***A chave***: O extrato de levedura fornece aminoácidos, complexo de vitamina B e factores de crescimento acessórios para Rhizobia. O manitol é uma fonte importante de álcool de açúcar fermentável. O magnésio fornece catiões para o crescimento de Rhizobia. O vermelho Congo inibe as estirpes susceptíveis à penicilina.

**Bloqueio 22. Porque é que o vermelho Congo é adicionado após a esterilização e arrefecimento do meio YEMA (Yeast Extract Mannitol Agar) para o cultivo de *Rhizobium* sp.**

***Importante:*** O vermelho Congo é sensível ao calor. Por conseguinte, é preferível a esterilização por filtração.

**Fecho 23. Porque é que as bactérias fixadoras de azoto são utilizadas como biofertilizante?**

***Legenda***: O azoto é o fator nutricional mais limitante para o crescimento das plantas. As plantas necessitam de azoto fixado exogenamente para o seu crescimento e desenvolvimento, uma vez que não podem reduzir o azoto atmosférico. Os microrganismos utilizados para aumentar a disponibilidade de nutrientes, nomeadamente o azoto, para as culturas são chamados biofertilizantes. As bactérias fixadoras de azoto formam uma relação simbiótica com as plantas leguminosas e fixam o azoto atmosférico. O uso contínuo de fertilizantes químicos tem um efeito negativo na fertilidade do solo e reduz a sua sustentabilidade agrícola. A fixação biológica de azoto tem um potencial imenso e pode ser utilizada como alternativa aos fertilizantes químicos. É por isso que as bactérias com capacidade de fixação de azoto podem ser utilizadas como potenciais biofertilizantes.

**Bloqueio 24. Por que razão são utilizados meios isentos de azoto para o isolamento de bactérias fixadoras de azoto?**

***Chave***: Permite cultivar as bactérias específicas que podem utilizar o azoto atmosférico como fonte de azoto.

**Bloqueio 25. Porque é que o verde brilhante é adicionado ao meio de ágar verde brilhante para o isolamento de *Salmonella* sp.**

***Legenda:*** Brilliant Green inibe bactérias Gram (+) e a maioria dos bastonetes Gram (-), exceto *Salmonella* sp.

**Bloqueio 26. Porque é que o vermelho de fenol é adicionado ao meio Brilliant Green?**

***Legenda:*** O vermelho de fenol actua como indicador de pH, que se torna amarelo após a acidificação devido à fermentação dos hidratos de carbono (lactose e sacarose) presentes no meio.

**Bloqueio 27. Porque é que os digeridos enzimáticos e o extrato de levedura são adicionados ao meio Brilliant Green?**

***A chave:*** As digestões enzimáticas fornecem fontes de azoto, aminoácidos e carbono às bactérias. Por outro lado, os extractos de levedura fornecem as vitaminas necessárias para o crescimento das bactérias.

**Bloqueio 28. Por que razão se adiciona manitol ao meio de ágar de gema de ovo com manitol e polimixina (MYP) para o isolamento seletivo de *Bacillus cereus*?**

***Chave:*** *B. cereus* não fermenta o manitol e não haverá diminuição do pH à volta das colónias ou da linha.

**Bloqueio 29. Porque é que o cloreto de lítio (LiCl) e a telurite ($TeO_3^{2-}$) são adicionados ao meio de ágar Baird-Parker para o isolamento de *Staphylococcus* sp. coagulase positivo?**

***Legenda:*** O cloreto de lítio e o telurito inibem o crescimento de outras bactérias em meio de ágar Baird-Parker.

**Bloqueio 30. Porque é que a gema de ovo é adicionada ao meio para o isolamento de *Staphylococcus* sp. coagulase positiva?**

***A chave:*** A gema de ovo é um indicador da atividade da lecitinase e da lipase. A atividade da lecitinase e da lipase dos *Staphylococcus* sp. coagulase positivos resulta numa zona clara e opaca à volta das colónias ou em estrias.

**Bloqueio 31. Porque é que os estafilococos formam colónias negras no meio de ágar Baird-Parker?**

***Legenda:*** O telurito de sódio ($TeOs^{2-}$) é reduzido a telureto, que é uma substância negra insolúvel.

**Bloqueio 32. Porque é que a glicina e o piruvato de sódio são adicionados ao meio de ágar Baird-Parker?**

***Legenda:*** A glicina e o piruvato estimulam o crescimento de *Staphylococcus* sp.

**Bloqueio 33. Por que razão se adiciona glicerol, em vez de glucose, ao meio Lowenstein-Jensen (LJ) para o isolamento seletivo de *Mycobacterium tuberculosis*?**

***Importante*:** Quando a glucose é a principal fonte de nutrientes no meio

Lowenstein-Jensen, a utilização de glicerol pelo *M. tuberculosis* é inibida. Por isso, foi demonstrado que o glicerol, e não a glucose, é de facto a principal fonte de nutrientes para aumentar o crescimento.

**Trave 34. Durante o isolamento de *M. tuberculosis*, são adicionados níveis baixos de penicilina e ácido nalidíxico ao meio LJ. Porquê?**

***Legenda*:** São adicionados níveis baixos de penicilina e ácido nalidíxico ao meio LJ para inibir o crescimento de bactérias gram positivas e gram negativas e para limitar o crescimento seletivo apenas de *M. tuberculosis*.

**Bloqueio 35. Porque é que o verde malaquite é adicionado ao meio LJ?**

***Legenda*:** A presença de verde de malaquite no meio inibe a maioria das outras bactérias e actua também como indicador de pH.

**Bloqueio 36. Porque é que o citrato de sódio é adicionado ao meio LJ?**

***Legenda:*** O citrato de sódio é um agente seletivo que impede o crescimento da maioria dos contaminantes e permite o crescimento precoce de micobactérias.

**Bloqueio 37. Porque é que a suspensão de ovos é utilizada para a preparação do meio LJ?**

***Legenda*:** A suspensão de ovos fornece as proteínas necessárias para o metabolismo das micobactérias. A coagulação da albumina do ovo durante a esterilização fornece um meio sólido para efeitos de inoculação.

**Bloqueio 38. Porque é que a L-Asparagina, a farinha de batata, o fosfato monopotássico e o sulfato de magnésio são adicionados ao meio LJ?**

***Legenda:*** A L-Asparagina e a Farinha de Batata são fontes de azoto e vitaminas para as micobactérias. O fosfato monopotássico e o sulfato de magnésio melhoram o crescimento do organismo e actuam como tampões.

**Fechadura 39. Porque é que o LJ é verde médio?**

***Legenda*:** A cor verde do meio deve-se à presença de verde de malaquite.

# CAPÍTULO 12

## ENZIMAS E PROTEÍNAS

**Bloqueio 1. Qual é o objetivo do teste de hidrólise do amido?**

***O objetivo:*** O objetivo é verificar se as bactérias podem utilizar o amido como fonte de carbono e energia para o seu crescimento.

**Fechadura 2. Porque é que as bactérias degradam o amido?**

***A chave*:** As moléculas de amido são demasiado grandes para entrar na célula bacteriana. Por isso, algumas bactérias segregam exoenzimas (amilase e oligo-1,6-glucosidase) para degradar o amido em subunidades que podem depois ser utilizadas pelos organismos para o seu processo metabólico. As bactérias hidrolisam as moléculas de amido quebrando as ligações glicosídicas entre as subunidades de glucose. As moléculas de dextrina, maltose ou glucose resultantes são mais facilmente transportadas para o interior da célula bacteriana.

**Bloqueio 3. Por que razão é observada uma zona clara quando a cultura bacteriana é semeada numa placa de ágar-amido?**

***Legenda*:** Não ocorre nenhuma mudança de cor no meio quando os organismos hidrolisam o amido. Quando o iodo é adicionado à placa de ágar-amido após a incubação, o iodo torna-se azul ou púrpura na presença de amido. Uma zona clara à volta do crescimento bacteriano indica que a bactéria hidrolisou o amido através da secreção de exoenzimas (Fig. 22).

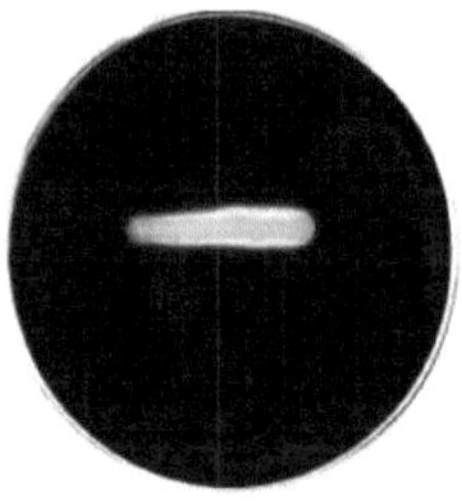

**Fig. 22: Teste de hidrólise do amido**

**Fechadura 4. Porque é que os alimentos que contêm amido adquirem um sabor doce depois de serem mastigados continuamente?**

***Legenda:*** A amilase produzida pela glândula salivar da boca degrada parte do amido em açúcar.

**Bloqueio 5. Porque é que o iodo em grama é utilizado no teste de hidrólise do amido?**

***Legenda*:** Uma vez que não ocorre qualquer alteração de cor no meio quando os organismos hidrolisam o amido, o iodo de Gram reage com o amido para formar um complexo azul escuro, púrpura ou preto, dependendo da concentração de iodo. As ligações a dão à cadeia de amilose uma conformação em espiral que é responsável por um complexo azul-escuro solúvel de amido-iodo com o reagente de iodo e quando os iões triiodeto no reagente de iodo deslizam para esta estrutura em espiral, o complexo torna-se azul. Quando as bactérias segregam exoenzimas, a área de hidrólise do amido que rodeia a cultura não reage com o iodo e é observada como uma zona de halo clara.

**Bloqueio 6. Porque é que algumas bactérias não apresentam qualquer zona circundante de depuração na placa de ágar-amido?**

***Legenda:*** A ausência de uma zona clara em torno do crescimento bacteriano indica que as bactérias não segregam exoenzimas e que o amido não foi hidrolisado.

**Trava 7. Porque é que se coloca uma folha branca debaixo da placa de Petri para observar a hidrólise do amido?**

***Legenda***: É mantida uma folha branca sob a placa de Petri para observar mais claramente a zona de halo de hidrólise.

**Bloqueio 8. O iodo não é inundado na placa de ágar-amido durante a reincubação da placa. Porquê?**

***Chave***: A inundação pode fazer com que o crescimento bacteriano se desprenda da superfície do ágar. Por outro lado, o iodo é um agente anti-sético que pode inibir o crescimento de bactérias.

**Trava 9. Porque é que se forma uma cor azul profunda quando o reagente de iodo é adicionado ao amido?**

***Legenda***: A amilose (um componente do amido) é responsável pela formação de uma cor azul profunda na presença de iodo. A molécula de iodo desliza para dentro da bobina de amilose. Quando o iodo é adicionado a um amido, adere às moléculas de beta amilose devido à sua solubilidade. O amido empurra o iodo para uma linha no meio das bobinas de amilose e cria uma transferência de carga entre o iodo e o amido. Isto provoca uma alteração na disposição dos electrões e nos espaçamentos dos níveis de energia. Os novos espaçamentos absorvem a luz visível de forma diferente e criam a cor azul profunda.

**Bloqueio 10. Porque é que o reagente de iodo é preparado na presença de iodeto de potássio?**

***Legenda:*** O iodo é pouco solúvel em água, pelo que o reagente de iodo é obtido dissolvendo o iodo em água na presença de iodeto de potássio. Isto dá origem a um complexo linear de iões triiodeto, solúvel, que desliza na espiral do amido, provocando uma coloração azul-preta intensa.

**Trava 11. Porque é que o teste do iodo não é efectuado com pH baixo?**

***Importante***: Um pH baixo pode também provocar a hidrólise do amido.

**Trava 12. Porque é que a maltose reduz a solução de Fehling?**

*Legenda*: A maltose é produzida quando o amido é decomposto pela amilase. A maltose tem a capacidade de reduzir a solução de Fehling devido à presença de aldeído.

**Bloqueio 13. Porque é que o teste da protease é realizado para a cultura bacteriana em causa?**

*Legenda*: O teste das proteases é um dos testes bioquímicos mais importantes que determina se a bactéria é capaz de hidrolisar as ligações peptídicas das proteínas.

**Fecho 14. Porque é que as bactérias segregam proteases?**

*Legenda*: As bactérias segregam proteases para digerir as ligações peptídicas das proteínas e, por conseguinte, decompô-las nos seus constituintes, ou seja, nos aminoácidos.

**Bloqueio 15. Porque é que a caseína é adicionada ao meio para a produção de protease bacteriana?**

*Legenda:* A caseína actua como um substrato. As proteases digerem a caseína em péptidos solúveis que podem ser absorvidos pela célula.

**Fechadura 16. Porque é que o leite é branco?**

*Legenda*: Devido à presença de caseína.

**Bloqueio 17. Porque é que a tirosina é utilizada como padrão para a análise quantitativa da protease?**

*Legenda*: Quando a protease digere a caseína, o aminoácido tirosina é libertado juntamente com outros aminoácidos e fragmentos de péptidos. A produção de tirosina é diretamente proporcional à atividade da protease.

**Bloqueio 18. Porque é que o reagente de Folin é adicionado durante a quantificação da protease?**

*Legenda*: Folin & Ciocalteu O fenol ou reagente de Folin reage principalmente com a tirosina livre para produzir um cromóforo de cor azul, que é quantificável e medido como um valor de absorvância. Quanto mais tirosina for libertada da caseína, mais cromóforos são gerados e mais forte é a atividade da protease.

$$\text{Casein} \xrightarrow{\text{Protease}} \text{Tyrosine} \propto \text{Chromophore}$$

**Bloqueio 19. Por que razão é observada uma zona clara na placa de ágar de leite desnatado durante o ensaio de protease?**

***Legenda***: O leite desnatado (lactose e caseína), a peptona e o ágar são os constituintes importantes do meio de ágar de leite desnatado. Muitas bactérias têm a capacidade de crescer neste meio e produzir proteases. As proteases digerem a caseína em péptidos solúveis que resultam numa zona clara (Fig. 23).

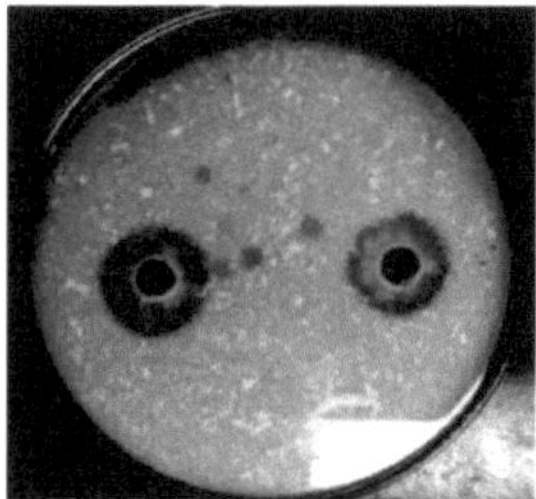

**Fig. 23: Teste da protease**

**Bloqueio 20. Porque é que o carbonato de sódio é adicionado à mistura de reação para a quantificação da protease bacteriana?**

***Legenda***: O carbonato de sódio é adicionado para regular qualquer queda de pH criada pela adição do reagente de Folin.

**Bloqueio 21. Qual é o objetivo do ensaio da lipase?**

***Legenda:*** O ensaio de lipase é realizado para saber se a bactéria pode catalisar a hidrólise de lípidos ou não, segregando lipase extracelular ou intracelularmente. As lipases são enzimas que hidrolisam triglicéridos, diglicéridos e monoglicéridos em ácidos gordos e glicerol. O produto hidrolisado pode ser utilizado como uma das fontes de energia para as bactérias.

**Bloqueio 22. Por que razão se observou uma zona clara de inibição depois de colocar a bactéria numa placa de ágar contendo lípidos?**

***Legenda:*** Uma zona clara de hidrólise na placa de ágar indica que a bactéria é lipase positiva. As bactérias produtoras de lipase hidrolisam os lípidos presentes no meio, que aparecem como uma zona clara à volta da cultura bacteriana.

**Bloqueio 23. Porque é que o Tween20 é utilizado no ensaio qualitativo da lipase?**

***Legenda:*** O Tween20 tem ácidos gordos ($C_{12}$ ) com um comprimento de cadeia médio, da série Tween, como substrato para o ensaio da lipase. Este substrato de cadeia média é atacado mais rapidamente pelas bactérias e apresenta valores baixos *de* $K_{m}$ (elevada afinidade).

**Bloqueio 24. Em que é que o Tween20, 40, 60 e 80 diferem uns dos outros?**

***Legenda***: Estes ésteres da série Tween diferem no comprimento das cadeias de ácidos gordos.

**Bloqueio 25. Porque é que o Tween20 é preferível à tributirina e ao azeite?**

***Chave***: A zona clara produzida na placa de ágar tributirina devido à hidrólise da tributirina não é clara. O Tween20 apresenta uma reatividade mais elevada do que a tributirina e o azeite devido à sua natureza hidrofílica. O substrato hidrofílico apresenta um potencial mais elevado do que o substrato hidrofóbico porque um substrato hidrofílico pode facilmente entrar em contacto com uma molécula de enzima.

**Bloqueio 26. Porque é que a Rodamina B é utilizada para a identificação de bactérias produtoras de lipase?**

*Legenda*: A rodamina B é um corante fluorescente que é utilizado como indicador no meio de ágar. O indicador forma um complexo fluorescente com ácidos gordos livres. Assim, as colónias produtoras de lipase formam uma zona fluorescente de lipólise que é claramente visível à luz UV.

**Bloqueio 27. Qual é o objetivo do ensaio da celulase?**

***Objetivo:*** O principal objetivo deste ensaio é saber se as bactérias podem degradar a celulose em monómeros mais pequenos como fonte de energia.

**Bloqueio 28. Porque é que se forma uma zona clara de halo à volta da cultura semeada na placa de ágar celulose?**

***Legenda:*** A bactéria que tem a capacidade de segregar celulase no meio hidrolisa a celulose numa forma mais simples. O produto hidrolisado não se liga ao corante e forma uma zona clara de halo à volta da cultura estriada (Fig. 24).

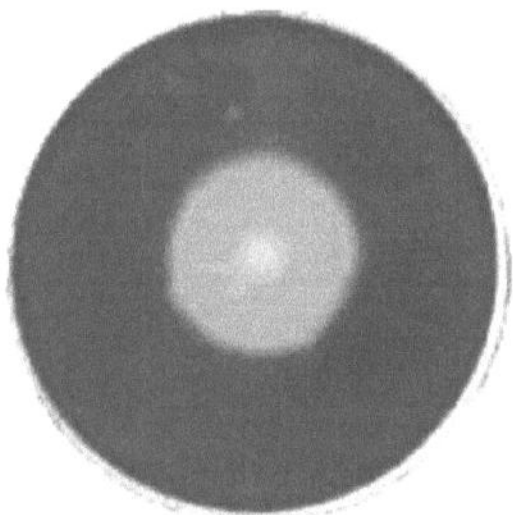

**Fig. 24: Teste de hidrólise da celulose**

**Fecho 29. Qual é o principal objetivo da secreção de queratinase no meio que contém queratina como substrato?**

***Legenda:*** A bactéria segrega queratinase para degradar a queratina insolúvel presente no meio. A queratinase obtida a partir de bactérias tem as principais aplicações industriais como agentes de depilação na indústria do couro.

**Bloqueio 30. Por que razão é observada uma zona clara de inibição em torno da cultura bacteriana quando semeada na placa de ágar queratina?**

***Legenda:*** Uma zona clara de inibição em torno da cultura em placas de ágar queratina indica que a bactéria tem capacidade potencial para degradar a queratina através da libertação de queratinase no meio.

**Fecho 31. Porque é que as bactérias segregam poligalacturonase?**

***Legenda:*** As bactérias segregam poligalacturonase no meio que contém pectina para hidrolisar a pectina.

**Bloqueio 32. Porque é que a L-asperginase é amplamente utilizada como agente antitumoral?**

***Legenda***: A L-asparaginase decompõe a L-asparagina, um aminoácido essencial utilizado para as necessidades nutricionais das células cancerígenas, em ácido aspártico e amoníaco.

**Bloqueio 33. Porque é que se forma uma zona cor-de-rosa à volta da cultura bacteriana que produz L- asparaginase?**

***Legenda***: As colónias bacterianas produtoras de L-asparagina formam uma zona cor-de-rosa à volta das colónias cultivadas no meio devido à desaminação com libertação de amoníaco.

**Bloqueio 34. Porque é que as bactérias produzem β-galactosidase?**

***Legenda***: As bactérias produzem β-galactosidase para quebrar a ponte de oxigénio presente entre os dois anéis de lactose disponíveis no meio de crescimento.

**Bloqueio 35. Porque é que o substrato ONPG (orto-nitrofenil-β-D-galactopiranosídeo) é utilizado durante a estimativa quantitativa da β-galactosidase?**

***Legenda***: Tal como a lactose, o ONPG é uma molécula composta por dois anéis unidos por uma ponte de oxigénio. A β-galactosidase também forma um complexo com a molécula de ONPG e hidrolisa-a. Após a hidrólise do ONPG, é produzido um produto amarelo, o ONP (orto-nitrofenilo) (Fig. 25).

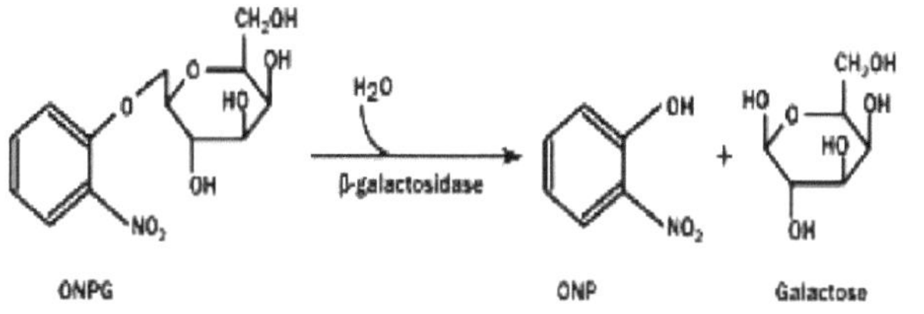

**Fig. 25: Hidrólise do ONPG pela β-galactosidase**

**Bloqueio 36. Porque é que as bactérias produzem xilanase no meio suplementado com xilana?**

***Legenda:*** As bactérias segregam xilanase no meio para degradar a xilana em xilose como fonte de carbono.

**Bloqueio 37. Porque é que as placas de ágar xilano são inundadas com solução de vermelho do Congo durante a estimativa qualitativa da xilanase?**

***Legenda***: O vermelho do Congo liga-se ao meio de ágar contendo xilana e mancha a placa de vermelho. Por outro lado, as soluções de coloração mostram uma zona de inibição de cor amarela à volta da cultura positiva de xilanase.

**Bloqueio 38. Porque é que se utiliza NaCl 1M durante o ensaio da xilanase?**

***Legenda***: O cloreto de sódio (NaCl) actua como solução descolorativa. A coloração vermelha do Congo das placas de ágar é removida utilizando NaCl 1M, o que mostra uma zona clara de inibição contra o fundo descolorado.

**Bloqueio 39. Porque é que a xilose é utilizada como padrão durante a estimativa quantitativa da xilanase?**

***Chave***: A xilanase decompõe o complexo xilano no seu monómero, a xilose.

A quantificação da xilanase pode ser obtida como UI/ml através da decomposição da xilana em xilose. Por conseguinte, a xilose é utilizada como padrão durante o ensaio quantitativo da xilanase.

**Bloqueio 40. Porque é que as bactérias apresentam uma zona de degradação na placa de ágar quitina?**

***Legenda:*** Uma zona clara de inibição na placa de ágar quitina mostra que a bactéria em causa tem o potencial de degradar a quitina através da secreção de quitinase.

**Bloqueio 41. Porque é que a N-acetilglucosamina é utilizada como padrão durante a estimativa quantitativa da quitinase?**

***Legenda*:** A N-acetilglucosamina é utilizada como padrão porque as quitinases decompõem a quitina em N-acetilglucosamina.

**Bloqueio 42. Porque é que o ensaio de Bradford é utilizado para medir o teor de proteínas numa solução?**

***Importante:*** O ensaio de Bradford é muito rápido e bastante exato para estimar o teor proteico das amostras em poucos minutos. O ensaio de proteínas de Bradford é um procedimento analítico espetroscópico que depende da composição de aminoácidos da proteína medida. O ensaio baseia-se num desvio da absorvância do corante Coomassie Brilliant Blue G-250.

**Bloqueio 43. Porque é que o Coomassie Brilliant Blue G-250 é utilizado para a quantificação de proteínas?**

***Legenda:*** O ensaio de Bradford baseia-se na observação de que o máximo de absorvância de uma solução ácida de Coomassie Brilliant Blue G-250 passa de 465 nm para 595 nm quando ocorre a ligação à proteína. O método baseia-se na ligação proporcional do corante Coomassie Brilliant Blue G-250 às proteínas. A ligação do corante à proteína estabiliza a forma aniónica azul. O aumento da absorvância a 595 nm é proporcional à quantidade de corante ligado e, por conseguinte, à quantidade (concentração) de proteína presente na amostra.

**Bloqueio 44. Porque é que a absorvância da amostra é medida a 595 durante a quantificação de proteínas através do teste de Bradford?**

***Legenda:*** O teor proteico da amostra biológica é medido a 595 nm porque o Coomassie Brilliant Blue G250 absorve a 595 nm.

**Bloqueio 45. Porque é que a albumina de soro bovino (BSA) é normalmente utilizada como padrão para a estimativa de proteínas?**

***Legenda:*** A BSA é uma proteína de albumina sérica derivada de vacas, que tem um baixo teor de resíduos de tirosina. É abundante, purificável, estável e oferece uma reatividade bioquímica desejável com sinal detetável.

**Bloqueio 46. Porque é que o etanol e o ortofosfórico são utilizados na preparação do reagente de Bradford?**

***Legenda:*** O Coomassie Brilliant Blue G250 dissolve-se facilmente em etanol. Por outro lado, o ácido ortofosfórico é utilizado para desnaturar as proteínas de modo a aumentar a formação do complexo.

**Bloqueio 47. Porque é que a cor de uma solução de amostra biológica contendo proteínas muda para azul quando lhe é adicionado o reagente de Bradford?**

***Legenda:*** A forma (ligada) do corante tem um espetro de absorção máximo historicamente fixado em 595 nm. As formas catiónicas (não ligadas) são verdes ou vermelhas. A ligação do corante à proteína estabiliza a forma aniónica azul.

**Bloqueio 48. Qual é o objetivo do ensaio de proteínas Lowry?**

***Legenda***: O ensaio de proteínas de Lowry é um ensaio bioquímico para determinar o nível total de proteínas numa solução. A concentração total de proteínas é exibida por uma mudança de cor da solução da amostra em proporção à concentração de proteínas, que pode então ser medida usando técnicas colorimétricas.

**Bloqueio 49. Qual é o princípio subjacente ao teste de Lowry do ensaio de proteínas?**

*Legenda:* O princípio subjacente ao método de Lowry para determinar as concentrações de proteínas reside na reatividade do(s) azoto(s) peptídico(s) com os iões cobre [II] em condições alcalinas e na subsequente redução do ácido fosfomolíbdico fosfotúngstico de Folin-Ciocalteu a azul de heteropolimolibdénio pela oxidação catalisada pelo cobre de ácidos aromáticos.

**Bloqueio 50. O que é o reagente Folin-Ciocalteu?**

*Legenda*: É uma mistura de ácido fosfotúngstico e ácido fosfomolíbdico. Este reagente é diferente do reagente de Folin, que é utilizado para detetar aminas e compostos contendo enxofre.

**Bloqueio 51. Porque é que a solução se torna azul na presença de reagente durante o ensaio de Lowry?**

*Legenda*: A redução do reagente em condições alcalinas resulta numa cor azul intensa que absorve a 750 nm. A tirosina, o triptofano e a cisteína das proteínas reduzem o ácido molibdénio e o ácido fosfotúngstico do reagente, tornando a solução azul.

**Bloqueio 52. Porque é que o pH é um parâmetro importante durante o ensaio de Lowry?**

*Legenda*: O pH é um parâmetro importante durante o ensaio de Lowry porque o método de Lowry é sensível a alterações do pH.

**Bloqueio 53. Porque é que o sulfato de amónio é o sal mais utilizado na purificação de enzimas e proteínas?**

*Legenda:* O sulfato de amónio é o sal mais utilizado porque é altamente solúvel em água, estabiliza a maioria das proteínas em solução e ajuda a reduzir o teor lipídico da amostra. A precipitação com sulfato de amónio remove até 50% das proteínas contaminantes, reduzindo assim a carga para a cromatografia subsequente. A maioria das proteínas precipitadas mantém a sua atividade e conformação nativa, podendo ser facilmente dissolvidas de novo.

**Bloqueio 54. Por que razão é necessária a saturação (em percentagem) de sulfato de amónio durante o processo de purificação de enzimas?**

***Legenda***: Geralmente, diferentes proteínas precipitarão a diferentes níveis de saturação. Por exemplo, algumas proteínas precipitarão a 20%, outras não precipitarão até perto de 80%, mas a maioria das proteínas precipitará a 80% ou menos da concentração de sulfato de amónio.

**Bloqueio 55. O que acontecerá se for adicionada à solução uma concentração elevada de sulfato de amónio?**

***Legenda***: Quando são adicionadas concentrações elevadas de iões pequenos e altamente carregados, como o sulfato de amónio, estes grupos competem com as proteínas para se ligarem às moléculas de água. Isto remove as moléculas de água da proteína e diminui a sua solubilidade, resultando em precipitação.

**Bloqueio 56. Por que razão a precipitação de proteínas é convencionalmente efectuada a 0°C?**

***Legenda***: A precipitação de proteínas é convencionalmente efectuada a 0°C para evitar a possível desnaturação das proteínas e para assegurar o rendimento máximo das proteínas.

**Fechadura 57. O que é que quer dizer com "processo de *salga*"?**

***Legenda:*** Em baixas concentrações, a presença de sal estabiliza os vários grupos carregados numa molécula de proteína, atraindo assim a proteína para a solução e aumentando a solubilidade da proteína. Este fenómeno é vulgarmente conhecido por *salting-in.*

**Lock 58. O que é que quer dizer com "processo de *salga*"?**

***Legenda***: À medida que a concentração de sal é aumentada, é normalmente atingido um ponto de solubilidade máxima da proteína. Um aumento adicional da concentração de sal implica que há cada vez menos água disponível para solubilizar a proteína. Finalmente, a proteína começa a precipitar quando não há moléculas de água suficientes para interagir com as moléculas de proteína. Este fenómeno de precipitação das proteínas na presença de excesso de sal é conhecido como *salting-out.*

**Fechadura 59. O que quer dizer com *fracionamento*?**

***Legenda***: As proteínas precipitadas são recolhidas e classificadas de acordo com a concentração da solução salina em que se formam. Esta recolha parcial do produto separado é designada por *fracionamento.* Por exemplo, a fração da proteína precipitada recolhida entre 20 e 25% da saturação de sal é normalmente referida como a fração 20-25%. As fracções de proteínas recolhidas durante as fases iniciais da adição de sal são menos solúveis na solução salina do que as fracções recolhidas mais tarde.

**Bloqueio 60. A recuperação das proteínas não é muitas vezes próxima dos 100%. Porquê?**

***Chave***: A recuperação de proteínas não é frequentemente próxima de 100% porque uma fração fixa da proteína original permanece solúvel na solução. Um rendimento proteico superior a 100% indica que pode haver problemas associados ao método de ensaio.

**Bloqueio 61. Porque é que a diálise é considerada uma etapa importante durante a purificação de uma enzima?**

***Chave:*** A diálise é mais frequentemente utilizada na remoção de pequenas moléculas indesejadas, tais como sais, agentes redutores (por exemplo, ditiotreitol ou DTT e 2- mercaptoetanol), conservantes (por exemplo, azida de sódio e timerosol) e reagentes de reticulação ou de marcação que não tenham reagido (por exemplo, sulfo-SMCC e biotina) numa solução. A diálise não é um meio de separação de proteínas, mas sim um método utilizado para remover pequenas moléculas, como os sais.

**Bloqueio 62. Qual é o princípio subjacente ao processo de diálise?**

***Legenda***: A diálise funciona por difusão onde as moléculas se movem numa solução de áreas de maior concentração para áreas de menor concentração até que o equilíbrio seja atingido. Uma vez que as moléculas maiores não podem passar através dos poros da membrana, permanecerão na câmara de amostragem, enquanto as moléculas pequenas se difundirão facilmente através da membrana.

**Bloqueio 63. Porque é que a temperatura desempenha um papel importante durante o processo de diálise?**

***Legenda***: Uma vez que a taxa de difusão é diretamente proporcional à temperatura e que o calor afecta a termodinâmica das moléculas, o procedimento de diálise decorrerá mais rapidamente à temperatura ambiente do que a 4° C. No entanto, é também obrigatório ter em conta a estabilidade térmica da molécula de interesse ao determinar a temperatura óptima.

**Bloqueio 64. Porque é que é necessário mudar o tampão durante o processo de diálise?**

***Chave***: As moléculas de interesse vão de uma área de alta concentração para uma de baixa concentração. Quando o nível de concentração é igual entre o saco de diálise e o tampão, não há mais movimento líquido de moléculas. Por isso, o saco é retirado e inserido noutro tampão, fazendo com que a concentração seja mais elevada no saco em relação ao tampão. Isto resulta numa maior difusão das moléculas. Em geral, recomenda-se efetuar duas ou três mudanças de tampão durante um período de 12 a 24 horas.

**Trava 65. Por vezes, a velocidade de movimento das moléculas em solução diminui através da membrana, mesmo que a molécula seja**

**suficientemente pequena para passar através dos poros. Porquê?**

***Legenda:*** A taxa de difusão é diretamente proporcional à concentração de uma molécula, enquanto que inversamente proporcional ao seu peso molecular. No caso presente, a molécula na solução tem um peso molecular elevado.

**Bloqueio 66. Por que razão não se deve permitir que as membranas de diálise sequem após a humidificação?**

***Importante***: Não se deve permitir que as membranas de diálise sequem após a humidificação, a menos que sejam reglicerinadas, porque a secagem pode alterar ou diminuir o tamanho dos poros.

**Bloqueio 67. Por que razão se deve evitar atar a membrana de diálise durante o processo de diálise?**

***Chave:*** Deve evitar-se dar nós na membrana de diálise, uma vez que os nós podem criar tensão e a tensão pode aumentar o tamanho dos poros da membrana.

**Bloqueio 68. Porque é que devemos evitar tocar na membrana de diálise com as mãos desprotegidas?**

***Importante***: Evitamos tocar na membrana de diálise com as mãos desprotegidas para evitar qualquer possível contaminação enzimática e microbiana.

**Bloqueio 69. O que acontecerá se a membrana de diálise húmida secar?**

***Importante:*** Se a membrana húmida secar, o tamanho dos poros da membrana é afetado e a membrana torna-se frágil e é provável que haja fugas durante o processo de diálise.

**Bloqueio 70. O que acontece se a membrana de diálise congelar?**

***Importante:*** Se a membrana congelar, os cristais de gelo podem romper a membrana e provocar fugas.

**Bloqueio 71. Porque é que o EDTA (ácido etilenodiaminotetracético) é utilizado durante o processo de diálise para a purificação de enzimas?**

***A chave:*** O EDTA não só se liga ao $Mg^{2+}$ e impede a clivagem da proteína purificada por metaloproteases contaminantes, como também protege as proteínas contra danos e aumenta a sua solubilidade.

# CAPÍTULO 13

## DETECÇÃO DE QUÓRUM

**Bloqueio 1. Porque é que as bactérias utilizam o mecanismo de deteção de quorum?**

*A chave*: As bactérias utilizam o mecanismo de quorum sensing (molécula de sinalização para comunicação) para coordenar a formação de biofilmes, a conjugação, a divisão celular, a esporulação, os factores de virulência e a resistência aos antibióticos, com base na densidade local da população bacteriana.

**Fechadura 2. Porque é que as bactérias falam?**

***A chave***: A deteção do quórum permite às bactérias coordenar o seu comportamento em caso de alteração das condições ambientais. Quando as condições ambientais mudam, as bactérias precisam de responder rapidamente para sobreviver em condições adversas (escassez de nutrientes, microrganismos antagonistas, stress antibacteriano, resposta imunitária do hospedeiro, etc.). Tendo em conta as condições ambientais adversas, as bactérias precisam de falar umas com as outras. Uma vez que as bactérias não podem comunicar como os seres humanos, em vez da linguagem, utilizam moléculas de sinalização que são libertadas no ambiente e coordenam a sua atividade contra as mudanças drásticas.

**Fechadura 3. Como é que as bactérias comunicam?**

***Chave***: As bactérias comunicam entre si através da secreção de moléculas de sinalização (auto-indutores) no ambiente (Fig. 26). As classes mais comuns de moléculas sinalizadoras são os oligopeptídeos nas bactérias Gram-positivas, as N-Acil Homoserina Lactonas (AHL) nas bactérias Gram-negativas e uma família de auto-indutores conhecida como auto-indutor-2

(AI-2), tanto nas bactérias Gram-negativas como nas Gram-positivas. As bactérias têm um recetor que pode detetar especificamente a molécula sinalizadora. Quando o indutor se liga ao recetor, ativa a transcrição de certos genes, incluindo os da síntese do indutor. Existe uma baixa probabilidade de uma bactéria detetar o seu próprio indutor segregado.

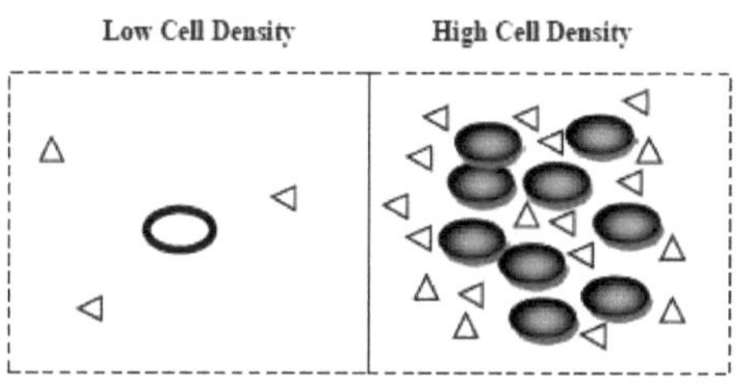


**Fig. 26: Deteção de quorum**

**Trava 4. Porque é que a luciferase bioluminescente produzida pelo *Vibrio fischeri* seria visível se as populações celulares fossem grandes?**

***Chave:*** Quando apenas algumas bactérias da mesma espécie estão na vizinhança, a difusão reduz a concentração do indutor no meio circundante a quase zero, de modo que as bactérias produzem pouco indutor. No entanto, quando as populações de células são grandes, a concentração do indutor ultrapassa um limiar, fazendo com que mais indutor seja sintetizado (Fig. 26). A ativação do recetor induz a regulação positiva da transcrição de genes específicos, aproximadamente ao mesmo tempo. Este comportamento coordenado das células bacterianas é responsável pela propriedade bioluminescente do *Vibrio fischeri* (Fig. 27).

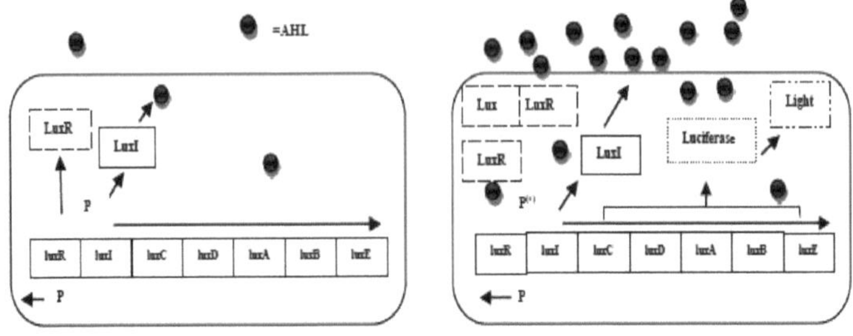


**Fig. 27: Produção de luciferase por mecanismo de deteção de quorum**

# CAPÍTULO 14

## PROBIÓTICOS

**Fechadura 1. Porque é que os probióticos são considerados microrganismos benéficos para a saúde do hospedeiro?**

***A chave***: Os organismos probióticos promovem a saúde do hospedeiro a nível molecular. Estes microrganismos reduzem o risco de infeção ou de doenças mediadas por toxinas. Regulam as respostas imunitárias que reforçam as reacções saudáveis a organismos infecciosos perigosos e suprimem a inflamação excessiva. Os probióticos podem ajudar a restabelecer o equilíbrio e as comunicações celulares no que respeita à população bacteriana saudável do organismo. No trato digestivo, os probióticos previnem ou tratam a intolerância à lactose, as infecções intestinais e a diarreia, a gastrite e as úlceras causadas pela bactéria *Helicobacter pylori*, a colite causada pelo uso excessivo de antibióticos, as doenças inflamatórias intestinais e a síndrome do intestino irritável. Além disso, previnem o cancro do cólon e podem ser benéficos para a função cerebral

**Bloqueio 2. Porque é que os meios deMan Ragosa e Sharpe (MRS) são utilizados para o cultivo de probióticos?**

***A chave***: O MRS é um meio seletivo que suprime o crescimento de outras bactérias concorrentes e promove o crescimento de probióticos. Este é o meio com maior seletividade devido ao baixo pH Lock 3. Porque é que se adiciona 0,05% de cisteína ao meio MRS?

***Legenda***: A cisteína (0,05% p/v) é adicionada adicionalmente ao meio MRS a fim de melhorar a especificidade deste meio para o isolamento de *Lactobacillus* sp.

**Bloqueio 4. Porque é que o extrato de levedura, o extrato de carne e a peptona são adicionados ao meio para o isolamento e crescimento de probióticos?**

***A chave***: O extrato de levedura, o extrato de carne e a peptona fornecem fontes de carbono, azoto, aminoácidos e vitaminas para o crescimento dos probióticos.

**Bloqueio 5. Qual é o papel do Polissorbato 80 no isolamento de *Lactobacilos*?**

***A chave***: O polissorbato 80 é um tensioativo que ajuda na absorção de nutrientes pelos *Lactobacilos.*

**Bloqueio 6. Porque é que o sulfato de magnésio e o sulfato de manganês são adicionados ao meio para o crescimento de probióticos?**

***Legenda***: O sulfato de magnésio e o sulfato de manganês fornecem catiões utilizados no metabolismo.

**Bloqueio 7. A Rekha realizou a atividade antibacteriana da bacteriocina de Lactobacilli. Durante o ensaio, depois de obter o sobrenadante sem células (bacteriocina), ajustou o pH da bacteriocina para neutro e adicionou catalase à bacteriocina obtida. Porquê?**

***A chave:*** Os probióticos produzem ácido no meio e tornam o ambiente ácido. A atividade antibacteriana das bacteriocinas obtidas a partir dos probióticos pode dever-se ao sobrenadante ácido e ao peróxido de hidrogénio nele presente. Assim, em primeiro lugar, Rekha ajustou o pH da bacteriocina para neutro e degradou o peróxido de hidrogénio utilizando catalase, a fim de determinar o potencial antibacteriano dos péptidos presentes na bacteriocina.

**Bloqueio 8. A tripsina, a pepsina ou a quimotripsina são adicionadas às bacteriocinas obtidas a partir dos probióticos durante a caraterização das bacteriocinas. Porquê?**

***Legenda:*** Durante a caraterização das bacteriocinas, adiciona-se tripsina, pepsina ou quimotripsina para obter e identificar as bacteriocinas proteicas que podem ser degradadas no trato gastrointestinal dos seres humanos.

# CAPÍTULO 15

## AGENTES ANTIBACTERIANOS

**Bloqueio 1. Porque é que os antibacterianos são considerados uma parte importante das ciências médicas?**

***A chave***: As bactérias são simultaneamente úteis e nocivas. As ciências médicas foram tidas em conta após a descoberta das bactérias clínicas. A maior parte das bactérias clínicas são nocivas para os seres humanos e para os animais. Os antibacterianos são os agentes que matam as bactérias (Fig. 28). A procura de novos agentes antibacterianos surgiu após a descoberta de bactérias causadoras de doenças. Os antibacterianos previnem os seres humanos e os animais de doenças mortais, matando ou inibindo o crescimento de agentes patogénicos. É por esta razão que os agentes antibacterianos são considerados uma parte importante das ciências médicas.

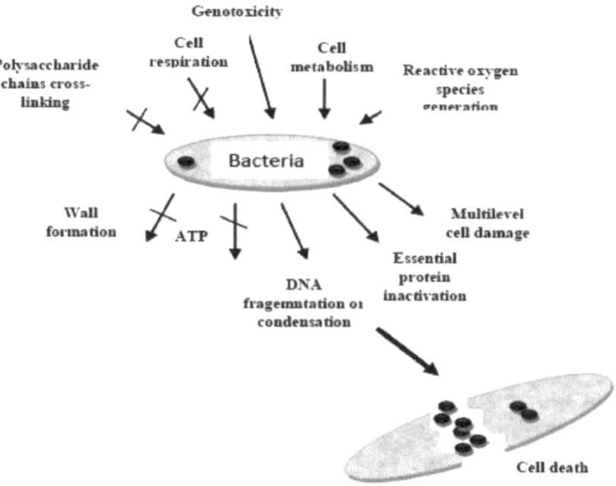


**Fig. 28: Modo de ação dos agentes antibacterianos**

**Trava 2. Como é que os iões metálicos inibem o crescimento das bactérias?**

***Legenda:*** Os iões metálicos desnaturam as proteínas das células bacterianas ao ligarem-se a grupos reactivos, resultando na sua precipitação e inativação. A elevada afinidade das proteínas bacterianas pelos iões metálicos resulta na morte das células devido aos efeitos cumulativos do ião no interior das células.

**Trava 3. Como é que o cobre inibe o crescimento bacteriano?**

***Legenda:*** O cobre pode interagir com os lípidos bacterianos, causando a sua peroxidação e a criação de buracos nas membranas celulares. Isto pode provocar a fuga de solutos essenciais, o que, por sua vez, pode ter um efeito dessecante no crescimento bacteriano. O cobre também se liga a grupos contendo enxofre ou carboxilato e a grupos amino das proteínas bacterianas e perturba as estruturas e funções das enzimas (Fig. 29).

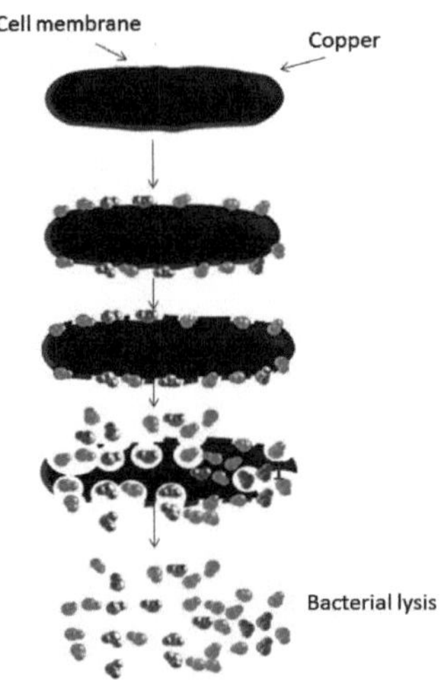


**Fig. 29: Modo de ação do cobre contra as bactérias**

**Fechadura 4. Como é que a prata afecta o crescimento bacteriano?**

***Legenda:*** A prata inativa as enzimas bacterianas ligando-se aos grupos sulfidrilo para formar sulfuretos de prata ou propensão para a ligação sulfidrilo. O ião prata rompe as membranas celulares e inibe as actividades enzimáticas (Fig. 30).

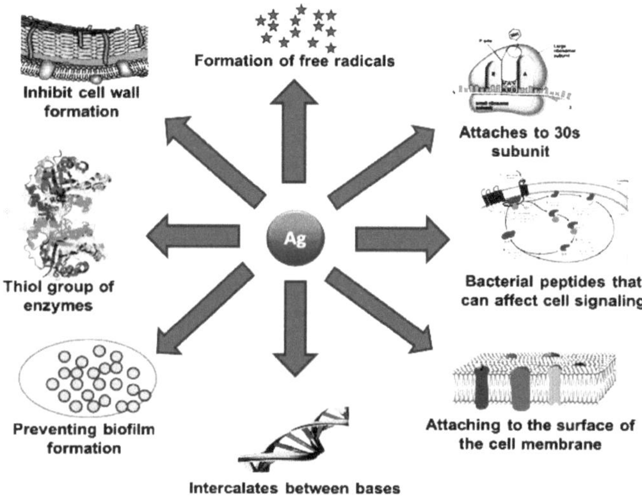


**Fig. 30: Modo de ação da prata contra as bactérias**

**Fechadura 5. Como é que o cloreto de mercúrio afecta a célula bacteriana?**

***Legenda:*** O cloreto de mercúrio afecta as células bacterianas ao inativar as proteínas devido à reação com grupos sulfuretos.

**Bloqueio 6. Porque é que se recomenda que o cloreto de mercúrio seja armazenado no escuro?**

***Importante***: O cloreto de mercúrio é sensível à luz e perde a sua propriedade antibacteriana se for armazenado à luz durante um período de tempo mais longo. Por conseguinte, utiliza-se geralmente cloreto de mercúrio fresco (pode ser armazenado durante um máximo de 1 ou 2 semanas) e armazenado em frascos de cor âmbar.

**Fechadura 7. Porque é que os antibióticos matam as bactérias e não os seres humanos?**

***Legenda***: A parede celular bacteriana é composta por uma macromolécula chamada peptidoglicano, constituída por amino-açúcares e péptidos curtos. As células humanas não produzem nem necessitam de peptidoglicano. A penicilina, um dos primeiros antibióticos a ser amplamente utilizado, impede a etapa final de reticulação, ou transpeptidação, na montagem desta macromolécula. O resultado é uma parede celular muito frágil que se rompe, matando a bactéria. O hospedeiro humano não sofre qualquer dano, porque a penicilina não inibe qualquer processo bioquímico que ocorra dentro de nós. A tetraciclina pode atravessar as membranas das bactérias e acumular-se em concentrações elevadas no citoplasma. A tetraciclina liga-se então a um único local no ribossoma - a subunidade ribossómica 30S (mais pequena) - e bloqueia uma interação chave do ARN, o que interrompe o alongamento da cadeia proteica. No entanto, nas células humanas, a tetraciclina não se acumula em concentrações suficientes para interromper a síntese proteica. Antibióticos como a ciprofloxacina têm como alvo a DNA girase nas bactérias. Esta enzima é responsável pelo relaxamento do ADN cromossómico fortemente ligado, permitindo assim que a replicação do ADN prossiga. Mas a ciprofloxacina não afecta as girases do ADN dos seres humanos, pelo que, mais uma vez, as bactérias morrem enquanto o hospedeiro permanece ileso.

**Fechadura 8. Como é que a penicilina inibe o crescimento bacteriano?**

***Legenda:*** A penicilina impede a síntese da parede celular bacteriana ao atuar sobre o peptidoglicano. Enfraquece muito a parede celular e faz com que a bactéria se lise, ou se abra, devido à pressão osmótica. A penicilina é um agente bactericida porque mata diretamente as bactérias.

**Fechadura 9. Como é que a estreptomicina inibe o crescimento bacteriano?**

***Chave***: A estreptomicina inibe o crescimento das bactérias ao induzir os ribossomas a ler mal o ARNm.

**Fecho 10. Como é que a ampicilina actua contra as bactérias?**

***Legenda***: A ampicilina mata as bactérias com um modo de ação semelhante ao da penicilina, interferindo na formação da parede celular das bactérias.

**Fecho 11. Como é que a tetraciclina inibe o crescimento das bactérias?**

***A chave:*** A tetraciclina actua ligando-se especificamente ao ribossoma 30S das bactérias, impedindo a ligação do aminoacil ARNt ao complexo ARN-ribossoma. Também inibe outras etapas da biossíntese de proteínas.

**Fecho 12. Como é que a cefalosporina actua contra as bactérias?**

***Legenda***: A cefalosporina inibe o crescimento de bactérias com mecanismo semelhante ao da penicilina. O antibiótico actua sobre o peptidoglicano, tornando a parede celular frágil.

**Bloqueio 13. Como é que a cefotaxima inibe o crescimento das bactérias?**

***Fator-chave***: A cefotaxima actua interferindo com a capacidade das bactérias de formarem paredes celulares. A cefotaxima quebra as ligações que mantêm a parede celular bacteriana unida e, finalmente, mata as bactérias.

**Bloqueio 14. Como é que o ácido nalidíxico actua contra as bactérias?**

***A chave***: O ácido nalidíxico actua nas células bacterianas inibindo uma enzima bacteriana chamada DNA-girase. As bactérias não conseguem reproduzir-se ou reparar-se na ausência desta enzima e, em última análise, causam a morte das bactérias.

**Bloqueio 15. Como é que a vancomicina mata as bactérias?**

***Legenda***: A vancomicina mata as bactérias principalmente através da inibição da síntese da parede celular bacteriana.

**Fecho 16. Como é que os fitoconstituintes inibem o crescimento das bactérias?**

***Principais:*** Os fitoconstituintes são responsáveis pela inibição de enzimas bacterianas, tais como o efeito inibidor da sortase, a replicação do ADN, a ação das toxinas bacterianas e a lise das células bacterianas. Os aminoácidos catiónicos dos péptidos antimicrobianos são atraídos por grupos fosfolipóides na superfície bacteriana. Os ácidos hidrofóbicos e as partes positivamente carregadas dos péptidos interagem com os ácidos gordos alifáticos e os componentes aniónicos, respetivamente. Isto induz a desestabilização da membrana e as bactérias são mortas pela fuga de conteúdo citoplasmático, perda de potencial da membrana, alteração da permeabilidade da membrana, distribuição lipídica e entrada de péptidos.

**Fechadura 17. Como é que os taninos suprimem a proliferação de células bacterianas?**

***A chave*:** Os taninos suprimem a proliferação de células bacterianas através do bloqueio de enzimas essenciais do metabolismo bacteriano.

**Bloqueio 18. Como é que as saponinas apresentam toxicidade para as bactérias?**

***A chave*:** As saponinas inibem o crescimento de bactérias alterando a permeabilidade das paredes celulares e, por conseguinte, exercem toxicidade em todos os tecidos organizados. Alteram a morfologia celular levando à lise celular.

**Fechadura 19. Como é que os polifenóis inibem o crescimento das bactérias?**

***Factores-chave:*** Os polifenóis, como os ácidos gálicos, actuam ligando-se às enzimas bacterianas diidrofolateredutase (DHFR), inibindo a atividade de superenrolamento da girase bacteriana através da ligação ao local de ligação do ATP da girase B e ligando-se ao ADN bacteriano, induzindo assim a clivagem do ADN mediada pela enzima topoisomerase IV e a inibição do crescimento bacteriano.

**Bloqueio 20. Como é que o álcool mata as células bacterianas?**

*A chave:* O álcool coagula a proteína bacteriana e penetra completamente na célula antes que a coagulação a possa bloquear. Então toda a célula é coagulada e a bactéria morre.

**Bloqueio 21. Como é que o glutaraldeído apresenta toxicidade para as células bacterianas?**

*Legenda*: O glutaraldeído associa-se às camadas externas das células bacterianas, especificamente às aminas não-protonadas da superfície celular. Provoca uma ação inibitória no transporte e nos sistemas enzimáticos, resultando na morte da célula bacteriana.

**Bloqueio 22. Porque é que o glutaraldeído é mais ativo em pHs alcalinos do que em pHs ácidos?**

*Importante*: Em pH alcalino, formam-se mais sítios reactivos na superfície da célula bacteriana, o que leva a um efeito bactericida mais rápido.

**Bloqueio 23. Como é que o formaldeído interage com as células bacterianas?**

*Legenda*: O formaldeído é um químico reativo que interage com as proteínas e os ácidos nucleicos das bactérias. A interação com as proteínas resulta de uma combinação com a amida primária, bem como com os grupos amino.

**Bloqueio 24. Porque é que o formaldeído é considerado um esporicida?**

*Legenda*: O formaldeído tem sido considerado um esporicida devido à sua capacidade de penetrar no interior dos esporos bacterianos. As baixas concentrações de formaldeído são esporostáticas por natureza.

**Fechadura 25. Como é que *o* o-ftalaldeído (um desinfetante) mata as bactérias?**

***Legenda: O*** o-ftalaldeído afecta as camadas exteriores das células bacterianas, especificamente com aminas não-protonadas na superfície celular bacteriana.

**Bloqueio 26. Qual é o modo de ação do Triclocarban contra as bactérias?**

***Legenda***: O triclocarban destrói o carácter semipermeável da membrana citoplasmática, levando à morte da célula bacteriana.

**Bloqueio 27. Como é que a clorexidina mata as bactérias?**

***Legenda***: A clorexidina altera as camadas celulares externas e, em seguida, atravessa a parede celular ou a membrana externa, presumivelmente por difusão passiva, e ataca subsequentemente a membrana citoplasmática ou interna da bactéria. A danificação da delicada membrana semipermeável provoca a fuga de constituintes intracelulares e resulta na morte da célula.

**Fechadura 28. Como é que o iodo inibe o crescimento das bactérias?**

***A chave***: O iodo penetra rapidamente nas bactérias e ataca grupos-chave de proteínas (aminoácidos livres de enxofre, cisteína e metionina), nucleótidos e ácidos gordos, o que resulta na morte celular.

**Bloqueio 29. Qual é o modo de ação do peróxido de hidrogénio contra as bactérias?**

***Importante***: O peróxido de hidrogénio produz radicais livres de hidroxilo que atacam os componentes celulares essenciais das bactérias, como os lípidos, as proteínas e o ADN.

**Trava 30. Porque é que as bactérias mudam a sua morfologia na presença de agentes antibacterianos?**

***Chave:*** Os antibacterianos que afectam as proteínas e o ADN das bactérias necessitam de interagir inicialmente com a parede e a membrana celulares. A parede celular e a membrana celular actuam como barreiras para a bactéria durante a entrada de quaisquer agentes estranhos no interior da célula. Por conseguinte, os antibacterianos interagem com as barreiras e alteram a forma e a morfologia da bactéria devido às condições desfavoráveis criadas pelos agentes tóxicos (Fig. 31).

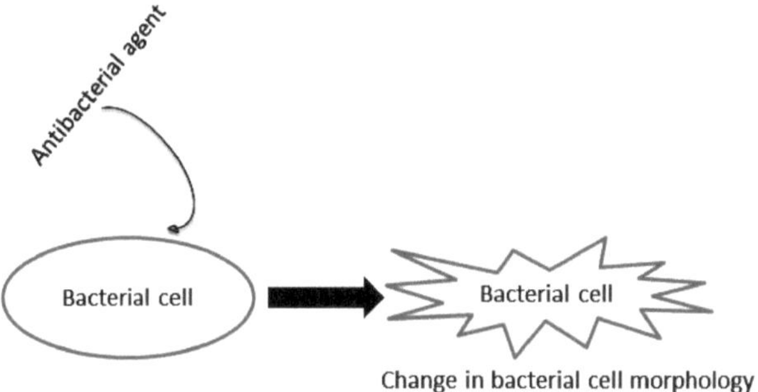


**Fig. 31: Efeito do agente antibacteriano na morfologia das células bacterianas**

**Fechadura 31. Por vezes, o crescimento das bactérias aumenta na presença de um agente antibacteriano. Porquê?**

***A chave***: Os antibacterianos provocam toxicidade no ambiente bacteriano. As bactérias dividem-se mais para libertar a toxicidade, pelo que o crescimento das bactérias aumenta sob o stress do agente antibacteriano.

# CAPÍTULO 16

## IMMOBILIZAÇÃO

**Bloqueio 1. Porque é que a técnica de imobilização é importante?**

***Importante:*** A imobilização pode ser aplicada a todos os tipos de biocatalisadores, incluindo enzimas, organelos celulares, animais e células vegetais. As enzimas imobilizadas podem ser facilmente reutilizadas várias vezes para a mesma reação com meias-vidas mais longas e menor degradação. Proporcionou um método simples de controlar a taxa de reação, bem como o tempo de início e de paragem da reação. Também ajudou a evitar a contaminação do substrato com enzimas/proteínas ou outros compostos, o que diminui os custos de purificação.

**Trava 2. Porque é que as células bacterianas são imobilizadas?**

***Objeto:*** A imobilização de células bacterianas oferece múltiplas vantagens, tais como elevada biomassa, elevada atividade metabólica e forte resistência a produtos químicos tóxicos. Além disso, as bactérias imobilizadas podem ser rentáveis, uma vez que podem ser utilizadas várias vezes sem perda significativa de atividade. A imobilização de células surgiu como uma alternativa para a imobilização de enzimas. A imobilização de células bacterianas elimina procedimentos longos e dispendiosos de separação e purificação de enzimas. As células imobilizadas oferecem novas possibilidades, uma vez que podem ser utilizadas como transportadores naturais e insolúveis em água das actividades enzimáticas necessárias de forma económica. A principal vantagem da imobilização de células inclui o aumento da estabilidade das células microbianas.

**Fechadura 3. Porque é que as enzimas bacterianas são imobilizadas?**

***Importante:*** A imobilização de enzimas pode proporcionar uma maior resistência a alterações de variáveis como o pH ou a temperatura. O processo também permite que as enzimas sejam mantidas no local durante toda a reação, após o que são facilmente separadas dos produtos e podem ser utilizadas novamente.

**Trava 4. Porque é que o alginato de sódio é o componente mais estudado e reconhecido para o método de imobilização por aprisionamento?**

***A chave***: Os alginatos (polímeros naturais constituídos por diferentes proporções e sequências de ácidos manurónicos e gulurónicos extraídos de algas castanhas) são fáceis de manusear, não são tóxicos para os seres humanos, para o ambiente e para os microrganismos aprisionados, estão disponíveis em grandes quantidades e são baratos. As células imobilizadas não sofrem alterações extremas nas condições físico-químicas durante este procedimento de imobilização e as esferas são transparentes e permeáveis.

**Bloqueio 5. Porque é que a solução de cloreto de cálcio é utilizada para a preparação de pérolas de alginato de cálcio?**

***Legenda***: Depois de deixar cair a solução de alginato de sódio numa solução de cloreto de cálcio, o cálcio liga-se ao alginato da solução de alginato de sódio e resulta na formação de pérolas de alginato de cálcio. É por esta razão que o cloreto de cálcio é utilizado para a preparação de pérolas de alginato de cálcio (Fig. 32).

Sodium alginate + Calcium chloride ⟶ Calcium alginate + 2NaCl

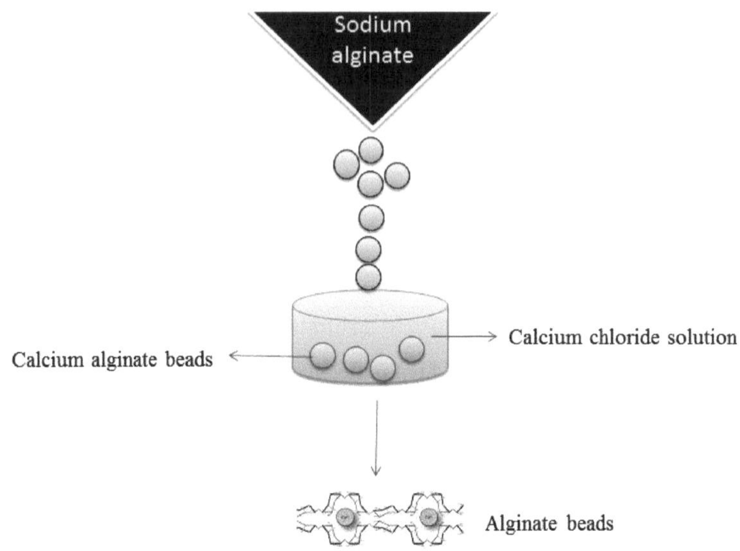


**Fig. 32: Preparação de pérolas de alginato de cálcio**

**Bloqueio 6. Porque é que a solução de alginato de sódio é preparada misturando alginato de sódio em água destilada em agitação?**

*Importante:* A adição de alginato de sódio em água destilada de agitação lenta evita a formação de aglomerados e, assim, obtém-se uma mistura adequada de alginato de sódio em água.

**Fecho 7. Após a preparação da solução de alginato de sódio, recomenda-se que a solução seja mantida inalterada durante uma hora antes de ser utilizada. Porquê?**

*Importante*: Manter a solução de alginato de sódio inalterada durante uma hora antes da utilização evita a formação de bolhas na solução. As bolhas interferem na preparação de pérolas imobilizadas contendo células ou enzimas e podem causar a flutuação das pérolas de alginato de cálcio na solução de cloreto de cálcio.

**Bloqueio 8. Após a preparação das esferas de alginato de cálcio, as células imobilizadas são incubadas numa solução de cloreto de potássio**

**à temperatura ambiente. Porquê?**

*Legenda:* As células imobilizadas são incubadas em cloreto de potássio para dar estabilidade às esferas.

**Bloqueio 9. Porque é que se mantém uma altura adequada entre a seringa (que contém alginato de sódio) e a solução de cloreto de cálcio durante a preparação das pérolas de alginato de cálcio?**

***A chave***: Uma altura constante proporciona uma forma esférica adequada aos grânulos. A colisão e a quebra dos grânulos podem ser evitadas mantendo uma altura adequada e correta entre a seringa e a solução de cloreto de cálcio.

**Bloqueio 10. Porque é que os transportadores inorgânicos são preferidos aos orgânicos para imobilização?**

***Importante***: Os transportadores inorgânicos são selecionados para imobilizar células bacterianas porque podem resistir à degradação microbiana e são termoestáveis.

**Fecho 11. Porque é que os polímeros sintéticos são utilizados como material de suporte?**

***Importante***: Os suportes poliméricos sintéticos não são facilmente biodegradáveis e têm um desempenho mecânico muito melhor do que os suportes naturais.

**Bloqueio 12. Porque é que o suporte de polímero poroso é utilizado para o aprisionamento de bactérias?**

***Objeto***: O aprisionamento de bactérias em suportes de polímeros porosos é frequentemente utilizado para capturar as bactérias de uma solução em suspensão e, em seguida, obter as células imobilizadas. Assim, o poluente e os vários produtos metabólicos podem difundir-se facilmente através da matriz em condições ambientais.

**Bloqueio 13. Porque é que o método de ligação covalente é raramente aplicado para a imobilização de células bacterianas?**

***Importante:*** O método de ligação covalente é raramente aplicado para a imobilização de células porque os agentes utilizados para a formação de ligações covalentes são geralmente citotóxicos e é difícil encontrar condições em que as células possam ser imobilizadas sem qualquer dano.

**Bloqueio 14. Porque é que o método de imobilização por encapsulamento é preferível a outros métodos?**

***A chave***: O método de encapsulamento permite obter uma elevada carga celular. Este método também evita a fuga do biocatalisador e aumenta a eficiência do processo.

**Bloqueio 15. Porque é que as espumas de poliuretano (PU) são utilizadas como suportes?**

***A chave***: As espumas de poliuretano são utilizadas como transportadores porque possuem boas propriedades mecânicas, elevada porosidade, grande superfície de adsorção, resistência a solventes orgânicos e ao ataque microbiano, fácil manuseamento, regenerabilidade e rentabilidade. Em geral, as elevadas taxas de sorção de carga positiva e o carácter hidrofóbico da espuma de poliuretano permitem a interação com a maioria das superfícies celulares bacterianas. As espumas de PU são pouco dispendiosas e facilmente regeneráveis por extração ou lavagem com solvente.

**Bloqueio 16. A solução de cloreto de cálcio precisa de ser agitada a baixa velocidade enquanto se verte a solução de alginato de sódio gota a gota. Porquê?**

***A chave***: Uma velocidade de agitação mais baixa faz com que os grânulos tenham uma forma uniforme.

# CAPÍTULO 17

## GENÉTICA BACTERIANA

**Fecho 1. Porque é que o processo de transformação é importante?**

***A chave*:** A transformação é um processo importante para as bactérias porque conduz à diversidade genética. Esta técnica ajuda a introduzir um plasmídeo estranho numa bactéria e a utilizar essa bactéria para amplificar o plasmídeo, de modo a produzir grandes quantidades do mesmo.

**Bloqueio 2. Porque é que o cloreto de cálcio (CaCh) é frequentemente adicionado à mistura de ADN e bactéria no protocolo de transformação?**

***Legenda***: O CaC12 fornece o catião cálcio (ião com carga positiva). O catião é adicionado para neutralizar a espinha dorsal de fosfato com carga negativa da molécula de ADN e também a superfície negativamente carregada da bactéria. O cálcio reveste a superfície da bactéria, de modo a que o ADN de carga negativa possa ser ligado à membrana fosfolipídica. Isto permite que o plasmídeo de ADN se mova em direção à membrana celular sem ser repelido.

**Bloqueio 3. Após a adição de cloreto de cálcio à mistura de ADN, deixa-se incubar durante 30 minutos em gelo. Porquê?**

***Importante***: A incubação de 30 minutos no gelo permite que a membrana bacteriana se estabilize e aumente a interação entre o catião cálcio e os componentes de carga negativa.

**Trava 4. Porque é que a mistura ADN-bactéria é colocada num banho de água a 42°C ou 37°C para o choque térmico?**

***Chave:*** O choque térmico altera a fluidez da membrana. Uma vez alterada a fluidez, o ADN pode então entrar na bactéria a um ritmo eficiente, talvez por invaginação da superfície celular. O choque térmico abre os poros (criados pela preparação de células competentes) e faz com que o plasmídeo entre na célula bacteriana.

**Bloqueio 5. Após o choque térmico durante 30 segundos, a mistura ADN-bactéria é imediatamente colocada em gelo durante 1-2 minutos. Porquê?**

***A chave***: A incubação imediata no gelo reduz o movimento térmico do ADN, de modo a promover a entrada de ADN exógeno nas bactérias. Colocar as células bacterianas em gelo após o choque fecha os poros e impede que o plasmídeo introduzido escape.

**Bloqueio 6. As células bacterianas que apresentam um crescimento rápido são selecionadas para o processo de transformação. Porquê?**

***Chave***: As células que estão a passar por um crescimento muito rápido tornam-se competentes mais facilmente do que as células noutras fases de crescimento. É por isso que as células bacterianas que apresentam um crescimento rápido são selecionadas para o processo de transformação.

**Bloqueio 7. Porque é que se formam colónias branco-azuladas na placa de ágar após o processo de transformação?**

***Legenda***: Um substrato cromogénico conhecido como X-gal é adicionado à placa de ágar para o rastreio de clones que contêm ADN recombinante. Se for produzida β-galactosidase, a X-gal é hidrolisada para formar 5-bromo-4-cloro-indoxil, que dimeriza espontaneamente para produzir um pigmento azul insolúvel chamado 5,5'- dibromo-4,4'-dicloro-índigo. As colónias formadas por células não recombinantes têm, portanto, uma cor azul. Por outro lado, as colónias recombinantes são brancas (Fig. 33).

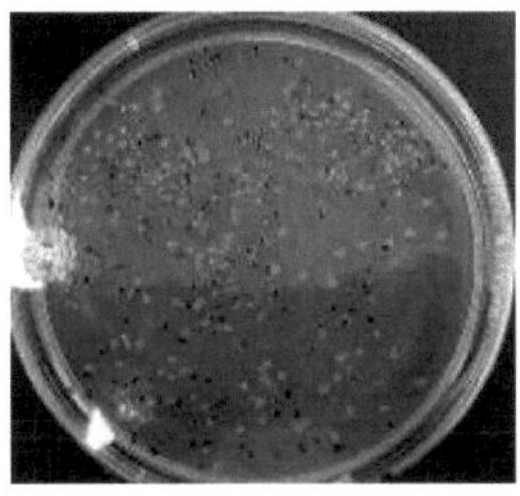

**Fig. 33: Tela azul-branca**

**Bloqueio 8. Porque é que se recomenda que as placas de colónias branco-azuladas sejam armazenadas no escuro a 4°C?**

***Legenda:*** As placas de seleção Blue-White perdem a estabilidade muito rapidamente se forem armazenadas a 4°C em mangas transparentes, mas podem ser armazenadas de forma estável no escuro (ou numa manga escura) a 4°C durante um período mais longo (até 1 mês).

**Fechadura 9. Porque é que se recomenda a utilização de uma concentração mais elevada de X-Gal?**

***Importante***: A concentração mais elevada de X-gal ajuda a cor azul a desenvolver-se mais rapidamente com resultados bem interpretáveis após apenas uma incubação nocturna. Uma concentração mais elevada de X-gal reduz a necessidade de nova seleção.

**Bloqueio 10. Após a conclusão da transformação, por vezes obtemos uma baixa eficiência de transformação. Porquê?**

***Chave***: A possibilidade de obter uma baixa eficiência de transformação pode dever-se a impurezas no ADN. O fenol, as proteínas, os detergentes e o etanol têm de ser removidos por precipitação com etanol. Por outro lado, pode também dever-se a um excesso de ADN. Não utilizar mais de 1-10 µg de ADN.

**Fecho 11. Após a conclusão da transformação, por vezes obtemos colónias totalmente brancas. Porquê?**

***Chave:*** Pode ser porque o IPTG não foi utilizado com vectores que contêm o marcador lacIq. Recomenda-se espalhar 30 μl de solução de IPTG a 100 mM na superfície da placa. Por vezes, a X-gal não se difunde corretamente no ágar, o que resulta no aparecimento de colónias brancas. Recomenda-se também adicionar X-gal em meio arrefecido e armazenar no escuro para o desenvolvimento de colónias azuis.

**Bloqueio 12. Por vezes, obtemos colónias azuis na placa após o protocolo de transformação. Porquê?**

***Chave***: Por vezes obtemos colónias azuis na placa porque a bactéria *(E. coli)* pode ter um gene β-gal intacto.

**Bloqueio 13. Durante o isolamento de ADN plasmídico de células bacterianas, é frequentemente utilizada uma mistura que contém fenol e clorofórmio numa proporção de 1:1. Porquê?**

***Legenda***: O fenol desnatura as proteínas e o clorofórmio dissolve rapidamente o fenol, que tem uma solubilidade limitada em água. Quando a preparação de ácido nucleico é agitada cuidadosamente com a mistura descrita e subsequentemente centrifugada, as proteínas desnaturadas concentrar-se-ão na fronteira entre a fase aquosa superior e a fase fenol-clorofórmio inferior de maior densidade.

**Bloqueio 14. Porque é que o álcool isoamílico é utilizado durante o isolamento de plasmídeos?**

***Chave***: O álcool isoamílico reduz a formação de espuma associada ao processo de separação.

**Trava 15. Porque é que o etanol é adicionado à camada aquosa da mistura?**

***Legenda:*** A adição de etanol à fase aquosa que contém o plasmídeo precipitará o ADN do plasmídeo, que pode assim ser posteriormente sedimentado por centrifugação.

**Bloqueio 16. O precipitado que contém o ADN do plasmídeo é lavado com etanol a 70% (v/v). Porquê?**

***Legenda***: O precipitado que contém o ADN plasmídico é lavado com etanol a 70% (v/v) para remover o teor de sal da preparação.

**Bloqueio 17. O ADN do plasmídeo é dissolvido em tampão TE durante o isolamento do plasmídeo. Porquê?**

***Importante***: A solução TE pode também conter enzima RNase sem DNase que pode eliminar ácidos ribonucleicos da preparação.

**Bloqueio 18. Porque é que o detergente (SDS) é utilizado durante o método de lise alcalina do isolamento de plasmídeos?**

***A chave***: As proteínas são agentes contaminantes no isolamento de ADN de plasmídeos. Podem interferir com o produto final e resultar num baixo rendimento. O SDS é utilizado para desnaturar as proteínas e facilitar o processo de purificação do ADN. O SDS também cliva a bicamada fosfolipídica da membrana bacteriana, que está envolvida na manutenção da estrutura da membrana celular.

**Bloqueio 19. Porque é que o hidróxido de sódio é utilizado no protocolo de lise alcalina?**

***Legenda***: O hidróxido de sódio desnatura as proteínas. O NaOH também desnatura o ADN em cadeias simples.

**Bloqueio 20. Porque é que a proteinase é utilizada no protocolo de isolamento do ADN?**

***Legenda:*** A proteinase é utilizada para desnaturar as proteínas.

**Bloqueio 21. Porque é que o ADN migra para o elétrodo positivo no aparelho de eletroforese?**

***Legenda***: Uma vez que o ADN tem uma forte carga negativa, migrará para o elétrodo positivo no aparelho de eletroforese. A velocidade de migração de uma determinada molécula de ADN através do gel depende não só do seu tamanho e forma, mas também do tipo de tampão de eletroforese, da concentração do gel e da tensão aplicada. As moléculas de ADN dos plasmídeos apresentam as seguintes velocidades de migração (por ordem decrescente) Super enrolada > linear > Círculos Niquelados >dímero.

**Bloqueio 22. Para a purificação do ADN, o pH é normalmente de 7 a 8. Porquê?**

***Legenda***: Para a purificação do ADN, o pH é normalmente de 7 a 8 porque é nesta gama que se encontram todos os ácidos nucleicos na fase aquosa.

**Bloqueio 23. Porque é que a glucose é utilizada como solução durante o protocolo de isolamento de plasmídeos?**

***A chave***: A glicose provoca um choque osmótico que leva ao rompimento da membrana celular,

**Bloqueio 24. Porque é utilizado o tampão Tris?**

***Legenda***: O Tris é um agente tampão utilizado para manter um pH 8 constante.

**Bloqueio 25. Porque é que o EDTA é utilizado durante o isolamento de plasmídeos de bactérias?**

***Chave:*** O plasmídeo pode ser protegido das nucleases endógenas quelando iões $Mg^{2+}$ com EDTA. O ião $Mg^{2+}$ é considerado um cofator necessário para a maioria das nucleases.

**Bloqueio 26. Porque é que o ácido acético e o acetato de potássio são utilizados na solução para o isolamento de plasmídeos?**

***Legenda***: O ácido acético é utilizado para neutralizar o pH e o acetato de potássio precipita o ADN cromossómico, as proteínas e os resíduos celulares.

**Bloqueio 27. Porque é que o clorofórmio e o fenol são misturados (1:1) e não isoladamente no procedimento de isolamento de plasmídeos?**

***Legenda:*** O clorofórmio misturado com fenol (1:1) é mais eficaz na desnaturação de proteínas do que qualquer um dos reagentes isoladamente. A combinação fenol-clorofórmio reduz a partição do ARNm poli(A)+ para a fase orgânica e reduz a formação de complexos ARN-proteína insolúveis na interfase. A proporção de fenol e clorofórmio (1:1) mantém o ADN presente na fase aquosa superior.

**Bloqueio 28. Porque é que o fenol forma uma fase inferior quando misturado com água?**

***Legenda:*** O fenol purificado tem uma densidade (1,07 g/cm3) superior à da água (1,00 g/cm3) e, por isso, forma a fase inferior quando misturado com a água.

**Bloqueio 29. Porque é que o clorofórmio assegura a separação de fases de dois líquidos?**

***Legenda:*** O clorofórmio assegura a separação de fases de dois líquidos porque o clorofórmio é miscível com o fenol e tem uma densidade superior (1,47 g/cm3) à do fenol.

**Bloqueio 30. Porque é que o ácido nucleico é solúvel na fase aquosa superior?**

***Legenda:*** Os ácidos nucleicos são polares devido à sua espinha dorsal de fosfato carregada negativamente e, por conseguinte, os ácidos nucleicos são solúveis na fase aquosa superior em vez da fase orgânica inferior (a água é mais polar do que o fenol).

**Bloqueio 31. Porque é que as proteínas precipitam na presença de fenol?**

***Legenda:*** As proteínas contêm proporções variáveis de domínios carregados e não carregados, produzindo regiões hidrofóbicas e hidrofílicas. Na presença de fenol, os núcleos hidrofóbicos das proteínas interagem com o fenol, o que provoca a precipitação das proteínas.

**Bloqueio 32. Por vezes, obtemos uma separação de fases incompleta. Porquê?**

***Legenda:*** Pode dever-se ao facto de o homogenato não ter sido suficientemente misturado antes da centrifugação ou de não ter sido adicionado clorofórmio ou de o clorofórmio não ser puro.

**Bloqueio 33. Porque é que se deve evitar a agitação vigorosa ou o vórtex do lisado?**

***Importante:*** A agitação vigorosa ou o vórtex do lisado pode cisalhar o cromossoma bacteriano, deixando fragmentos cromossómicos livres no lisado que serão co-purificados com o ADN plasmídico.

**Bloqueio 34. Porque é que a lise não deve ser efectuada durante mais de 5 minutos?**

***A chave***: Cinco minutos de incubação permitem a libertação máxima de ADN plasmídico das células bacterianas. A incubação por um período superior a 5 minutos pode libertar o ADN cromossómico no sobrenadante e o plasmídeo pode também ser exposto a desnaturação.

**Bloqueio 35. Porque é que o Trizol é utilizado para o isolamento de ARN total de células bacterianas?**

***Legenda:*** O Trizol é uma solução ácida que contém tiocianato de guanidínio (GITC), fenol e clorofórmio. O GITC desnatura irreversivelmente as proteínas e as RNases durante o procedimento de isolamento do ARN total.

**Bloqueio 36. O fenol ácido deixa especificamente o ARN na fase aquosa. Porquê?**

***Legenda:*** O ARN não é neutralizado em ácido porque, apesar de também ter carga negativa, tem bases azotadas expostas (é de cadeia simples), que podem formar ligações de hidrogénio com a água, mantendo-o na fase aquosa.

**Bloqueio 37. Durante o isolamento de ARN total de bactérias, o material de vidro é tratado com pirocarbonato de dietilo (DEPC). Porquê?**

***Importante:*** Uma vez que a autoclavagem por si só não inativa totalmente muitas RNases, o material de vidro pode ser tratado com pirocarbonato de dietilo. As enzimas RNase podem ser inactivadas através da inclusão de pirocarbonato de dietilo.

**Bloqueio 38. Porque é que as enzimas de restrição são necessárias para as bactérias?**

***Chave:*** As bactérias sem enzimas de restrição são propensas à infeção por vírus bacterianos (i.e. bacteriófagos). Assim, as enzimas de restrição protegem as bactérias cortando as partículas de ADN estranhas.

**Bloqueio 39. Porque é que as enzimas de restrição não cortam o próprio ADN das bactérias?**

***A chave:*** As bactérias protegem o seu próprio ADN das enzimas de restrição através da metilação. A enzima de restrição reconhece o ADN metilado como ADN bacteriano, pelo que não corta o ADN bacteriano.

**Bloqueio 40. Porque é que as enzimas de restrição são armazenadas no congelador?**

***Legenda:*** As enzimas de restrição são proteínas e as proteínas desnaturam com o aumento da temperatura. É por isso que as enzimas de restrição são armazenadas no congelador até serem utilizadas.

**Bloqueio 41. As enzimas de restrição devem ser colocadas num balde de gelo imediatamente após serem retiradas do congelador (-20°C). Porquê?**

***Importante:*** As enzimas de restrição devem ser colocadas num balde de gelo imediatamente após serem retiradas do congelador porque o calor pode fazer com que as enzimas desnaturem e percam a sua função.

**Bloqueio 42. Durante a experiência de digestão com enzimas de**

**restrição, não é utilizada uma enzima que represente mais de 10% do volume final da reação (ou seja, não mais de 1gl). Porquê?**

***Legenda:*** Isto deve-se ao facto de o tampão de armazenamento da enzima conter anticongelante (glicerol) para permitir a sua sobrevivência a -20°C. O glicerol inibirá a digestão se estiver presente em quantidades suficientes.

**Bloqueio 43. Porque é que se evita a carga excessiva de ADN num gel?**

***Chave:*** Se adicionar demasiado ADN a um gel, a banda parece correr rapidamente (o que implica que é mais pequena do que realmente é), fazendo com que pareça ter o tamanho errado.

**Bloqueio 44. Porque é que se evita carregar muito pouco ADN num gel?**

***Importante:*** O carregamento de muito pouco ADN num gel resulta em bandas fracas e não será possível ver claramente as bandas mais pequenas.

**Bloqueio 45. Por vezes, as enzimas cortam sequências que são semelhantes, mas não idênticas, aos seus sítios de reconhecimento. Porquê?**

***Chave:*** Isto deve-se à "Atividade em estrela". Quando o ADN é digerido com certas enzimas de restrição em condições não padronizadas, pode ocorrer clivagem em locais diferentes da sequência de reconhecimento normal. Este corte aberrante é designado por "Atividade em estrela". Por outro lado, uma concentração elevada de glicerol pode também ser responsável pelas condições acima mencionadas.

**Bloqueio 46. Porque é que a temperatura (37°C) é mantida durante a experiência de digestão com enzimas de restrição?**

***Legenda:*** A temperatura óptima da enzima é aproximadamente 37°C. A taxa de reação a esta temperatura é mais elevada do que a outras temperaturas. A enzima desnatura e a forma do sítio ativo muda a altas temperaturas. Se a temperatura for demasiado baixa, a enzima torna-se inativa, razão pela qual a digestão enzimática é limitada a 37°C.

**Bloqueio 47. Porque é que o tampão é utilizado durante a experiência de digestão com enzimas de restrição?**

***Legenda:*** O tampão é utilizado para manter o pH da mistura de reação.

**Bloqueio 48. Porque é que o período de incubação durante a experiência de digestão com enzimas de restrição é limitado a 1 hora de incubação?**

***Legenda:*** O período de incubação é limitado a 1 hora porque a mistura de reação pode evaporar-se à medida que o período de incubação aumenta.

**Bloqueio 49. Qual é o objetivo da ligase?**

***Legenda:*** A ligação é efectuada utilizando a ADN ligase. A enzima facilita a união das cadeias de ADN catalisando a formação de uma ligação fosfodiéster.

# CAPÍTULO 18

## SÍNTESE DE NANOPARTÍCULAS

**Fechadura 1. Porque é que as bactérias sintetizam nanopartículas metálicas?**

*A chave:* A maior parte dos iões metálicos são tóxicos para as bactérias e, por conseguinte, a biorredução dos iões ou a formação de complexos insolúveis em água é um mecanismo de defesa desenvolvido pelas bactérias para superar essa toxicidade. As espécies bacterianas desenvolveram a capacidade de recorrer a mecanismos de defesa específicos para superar stress como a toxicidade de iões de metais pesados ou metais.

**Fecho 2. Porque é que as bactérias são utilizadas para a biossíntese de nanopartículas metálicas?**

*Legenda*: As bactérias são abundantes no ambiente e têm uma capacidade única de se adaptarem a condições extremas. Têm também um crescimento rápido, são baratas de cultivar e fáceis de manipular. As condições de crescimento, como a temperatura, a oxigenação e o tempo de incubação, podem ser facilmente controladas.

**Trava 3. Porque é que a cor da solução muda para castanho quando são sintetizadas nanopartículas de prata?**

*Legenda*: A cor da solução muda para castanho quando são sintetizadas nanopartículas de prata devido à excitação das vibrações plasmónicas de superfície (SPV) nas partículas (Fig. 34).

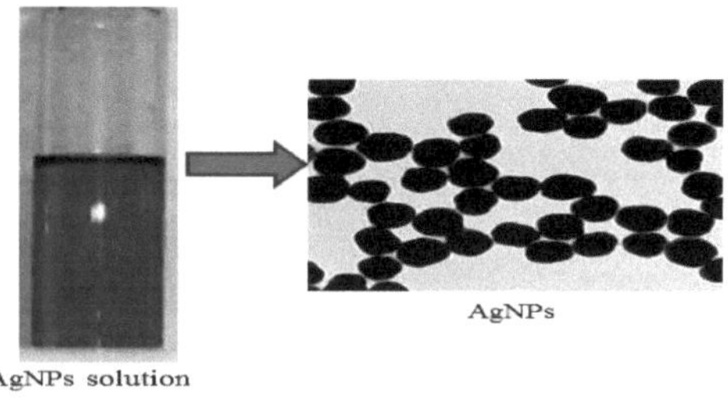


**Fig. 34: Síntese de AgNPs e respectiva imagem SEM**

**Trava 4. Porque é que a cor da solução muda para púrpura quando se sintetizam nanopartículas de ouro?**

***A chave:*** Na superfície de um metal, podem ocorrer efeitos de ressonância conhecidos como plasmões de superfície. São oscilações colectivas dos electrões de condução, como uma ondulação no oceano eletrónico. No ouro coloidal, a ligação metálica está confinada a uma minúscula partícula metálica, impedindo que a onda de oscilação do plasmão "fuja". A regra da seleção do momento é assim quebrada e a ressonância plasmónica provoca uma absorção extremamente intensa no verde, resultando numa bela cor vermelho-púrpura (Fig. 35).

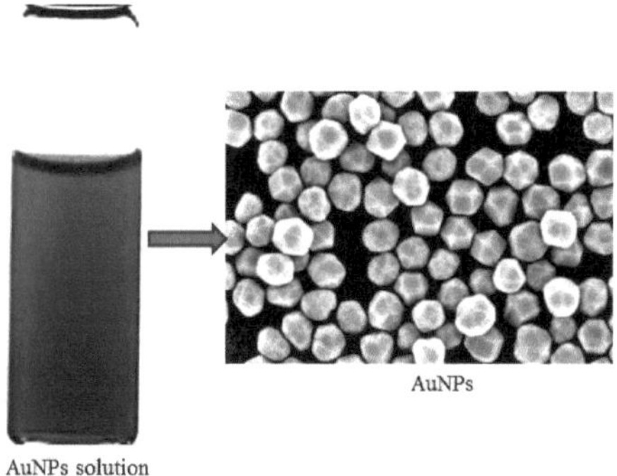


**Fig. 35: Síntese de AuNPs e respectiva imagem SEM**

**Fecho 5. Porque é que as nanopartículas de ouro são muito importantes no domínio da biotecnologia e da biomedicina?**

***Objeto:*** As nanopartículas de ouro têm uma utilização abundante no domínio da biotecnologia e da biomedicina, uma vez que possuem uma grande superfície de bioconjugação com sondas moleculares e também possuem muitas propriedades ópticas que se prendem principalmente com a ressonância plasmónica localizada. As nanopartículas de ouro podem ligar-se a uma vasta gama de moléculas orgânicas, uma vez que têm baixa toxicidade e propriedades físicas e químicas sintonizáveis, pelo que têm sido utilizadas como agentes terapêuticos ou transportadores de vacinas para células específicas, de modo a aumentar a eficácia dos medicamentos e a destruir os agentes patogénicos.

**Bloqueio 6. Durante a síntese de nanopartículas de sulfureto de chumbo, é frequentemente utilizada uma solução salina de sulfato de cálcio em vez de sulfato de chumbo. Porquê?**

***Importante:*** Uma vez que o sulfato de chumbo é muito pouco solúvel em água, não pode ser utilizado para a síntese de nanopartículas de PbS. Por isso, adiciona-se sulfato de cálcio para fornecer iões de enxofre.

**Fecha 7. Porque é que a cor da solução de nanopartículas sintetizadas a partir de um metal semelhante muda?**

***Objectivos***: A aglomeração de nanopartículas metálicas altera as suas dimensões e, por conseguinte, altera a frequência da ressonância plasmónica e, consequentemente, as caraterísticas de adsorção de luz da nanoestrutura. Por conseguinte, a alteração do diâmetro das nanopartículas altera as suas propriedades de adsorção de luz e, consequentemente, a sua cor.

**Fecho 8. Porque é que a espetroscopia UV-Visível é considerada uma importante caraterização preliminar das nanopartículas?**

***Objeto:*** A espetroscopia UV-Visível pode ser utilizada como um método simples e fiável para monitorizar a estabilidade de soluções de nanopartículas. À medida que as partículas se desestabilizam, o pico de extinção original diminui de intensidade (devido à depleção de nanopartículas estáveis) e, frequentemente, o pico alarga-se ou forma-se um pico secundário em comprimentos de onda mais longos (devido à formação de agregados). A espetroscopia UV-Visível pode ser utilizada como uma técnica de caraterização que fornece informações sobre se a solução de nanopartículas se desestabilizou ao longo do tempo.

**Fechadura 9. Porque é que a ultrassonografia é realizada após a síntese de nanopartículas metálicas?**

*A chave*: A ultrassonografia pode ajudar a quebrar a aglomeração de nanopartículas metálicas.

**Bloqueio 10. Como é que as nanopartículas metálicas inibem o crescimento bacteriano?**

*A chave*: As nanopartículas metálicas têm a capacidade de criar espécies reactivas de oxigénio que causam danos irreversíveis às bactérias e têm também uma forte afinidade para se ligarem ao ADN ou ARN, o que interfere com o processo de replicação bacteriana (Fig. 36).

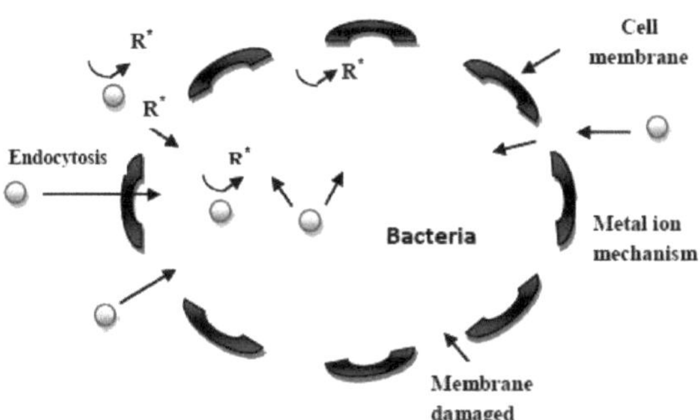


**Fig. 36: Modo de ação das nanopartículas metálicas contra as bactérias**

**Fecho 11. Porque é que a forma e o tamanho das nanoestruturas metálicas são controlados?**

*A chave:* A forma e o tamanho das nanoestruturas metálicas têm de ser controlados porque todas as propriedades magnéticas, catalíticas, eléctricas e ópticas das nanoestruturas metálicas são influenciadas pela sua forma e tamanho.

**Fecho 12. Porque é que as nanopartículas têm amplas aplicações no domínio das ciências biológicas?**

***Importante:*** As nanopartículas são partículas de tamanho muito pequeno. As nanopartículas metálicas respondem de forma ressonante ao campo magnético, que varia com o tempo, pelo que transferem energia térmica tóxica suficiente para as células tumorais como agentes hipertérmicos. As nanopartículas têm uma área de superfície elevada devido ao seu tamanho extremamente pequeno e, por conseguinte, a sua superfície pode ser modificada com moléculas hidrofóbicas, hidrofílicas, catiónicas, aniónicas ou neutras para o ambiente circundante, pelo que têm muitas aplicações em ciências biológicas.

**Trave 13: Os sistemas de administração de medicamentos mediados por nanopartículas de ouro têm muitas vantagens em relação a outros nanocarreadores e aos medicamentos convencionais. Porquê?**

***Objeto:*** Os sistemas de administração de fármacos mediados por nanopartículas de ouro apresentam muitas vantagens em relação a outros nanocarreadores e aos fármacos convencionais, uma vez que as nanopartículas de ouro possuem propriedades ópticas, físicas e químicas únicas devido ao seu tamanho e forma. As nanopartículas de ouro têm uma área de superfície elevada que permite uma carga densa de fármaco. Estas partículas são biocompatíveis e estão prontamente disponíveis para conjugação com pequenas biomoléculas, como proteínas, enzimas, ácido carboxílico, ADN e aminoácidos. As nanopartículas de ouro têm uma dispersão controlada e podem chegar facilmente ao local visado através do fluxo sanguíneo. Não são citotóxicas para as células normais.

# CAPÍTULO 19

## MICROSCOPIA

**Bloqueio 1. Porque é que o microscópio de luz é designado por "microscópio de luz"?**

*Legenda:* O microscópio é chamado de microscópio de luz porque utiliza a luz visível como fonte de iluminação (Fig. 37).

**Fecho 2. Qual é o papel da "ocular" no microscópio de luz ou no microscópio composto?**

*Legenda:* A ocular contém a lente ocular, que fornece um poder de ampliação. Esta lente está próxima dos olhos.

**Fechadura 3. Qual é o papel da "peça de nariz"?**

*Chave:* A peça nasal segura as lentes objectivas e ajuda a rodar para alterar a ampliação.

**Fechadura 4. Porque é que o microscópio inclui uma "platina" e "clipes de platina"?**

*Chave:* O palco é uma superfície plana que suporta a lâmina que está a ser analisada. Os clipes de palco mantêm o slide no lugar durante a observação.

**Trava 5. Qual é o papel do "diafragma"?**

*Chave:* O diafragma controla a intensidade e o tamanho do cone de luz projetado na amostra.

**Bloqueio 6. Qual é o papel significativo da "lente condensadora"?**

*Legenda:* O condensador ajuda a focar a luz na amostra analisada para observação.

**Bloqueio 7. Porque é que o microscópio tem um botão de ajuste fino e um botão de ajuste grosseiro?**

***Tecla:*** O botão de ajuste grosseiro move a platina para cima ou para baixo. Altera a distância entre a lente objetiva e o espécime. Por outro lado, o botão de ajuste fino faz com que o espécime fique bem focado.

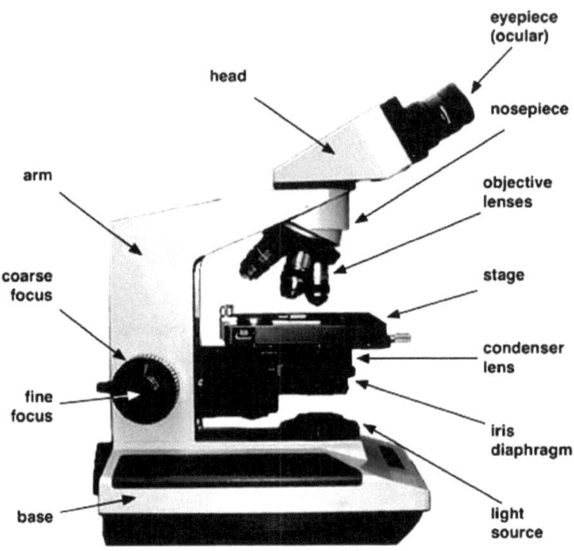


**Fig. 37: Microscópio de luz**

**Fecha 8. Porque é que a luz azul é utilizada como fonte de iluminação no microscópio?**

***Legenda:*** A luz azul tem um comprimento de onda mais curto do que a luz vermelha, pelo que é possível obter uma melhor resolução utilizando a luz azul (Poder de resolução = Comprimento de onda/2x Abertura numérica).

**Fecho 9. Porque é que o óleo de imersão é utilizado para alta resolução?**

***Legenda:*** A abertura numérica é diretamente proporcional ao índice de refração. O valor do índice de refração do ar é 1. Uma vez que o valor do índice de refração do óleo de imersão é 1,5, a abertura numérica pode ser aumentada utilizando óleo de imersão. Isto aumenta significativamente o poder de resolução do microscópio.

**Bloqueio 10. Porque é que a coloração da amostra é necessária durante a observação ao microscópio de luz?**

*Legenda:* A coloração aumenta o contraste entre o espécime e o fundo.

**Fechadura 11. Porque é que o microscópio de campo escuro se chama "campo escuro"?**

*Legenda:* O microscópio de campo escuro tem um condensador de campo escuro que não permite que a luz seja transmitida diretamente através do espécime para a lente objetiva; em vez disso, faz com que a luz se reflicta no espécime num ângulo oblíquo. Quando estes raios são reunidos e focados numa imagem, vê-se um objeto claro sobre um fundo escuro. Na ausência de uma amostra, todo o campo parece escuro. O contraste entre o espécime e o fundo é suficiente para permitir a visualização até de uma pequena bactéria.

**Trave 12. As amostras podem ser vistas sem coloração no microscópio de contraste de fase. Porquê?**

*Legenda:* Os espécimes podem ser vistos sem coloração, devido à diferença no índice de refração do objeto e do meio circundante.

**Bloqueio 13. Porque é que o corante fluorescente é utilizado para a observação de espécimes ao microscópio de fluorescência?**

*Legenda:* O corante fluorescente absorve a energia luminosa da luz de excitação e emite luz.

**Fechadura 14. Porque é que a luz ultravioleta é utilizada no microscópio de fluorescência?**

*Legenda:* Devido à luz ultravioleta produzida pelas fontes de luz, os objectos corados com corantes fluorescentes aparecem brilhantemente coloridos contra um fundo preto, proporcionando um contraste muito elevado.

**Bloqueio 15. Porque é que a lâmpada de mercúrio é utilizada como fonte de luz no microscópio de fluorescência?**

***Legenda:*** A lâmpada de mercúrio tem sido utilizada há muito tempo como fonte de luz para a microscopia de fluorescência devido às bandas espectrais brilhantes que gera nos comprimentos de onda visíveis (Fig. 38).

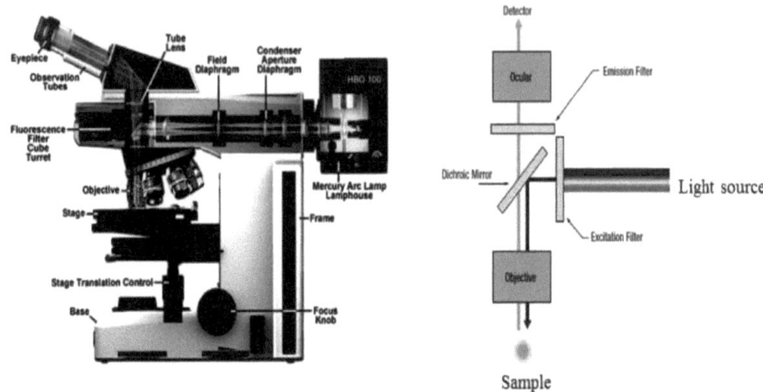


**Fig. 38: Microscópio de fluorescência**

**Bloqueio 16. Por que razão é utilizado um feixe de electrões no microscópio eletrónico?**

***A chave:*** Os electrões têm comprimentos de onda muito curtos em comparação com as ondas de luz, pelo que o microscópio eletrónico permite uma melhor resolução e uma maior ampliação.

**Bloqueio 17. Por que razão se mantém o vácuo para obter uma imagem nítida no microscópio eletrónico de transmissão (TEM)?**

***Legenda:*** Os electrões são desviados pela colisão com as moléculas de ar, o que resultaria numa imagem distorcida. É por isso que os electrões viajam através do vácuo para obter uma imagem nítida no TEM.

**Bloqueio 18. Por que razão é utilizado um filamento de tungsténio quente no TEM?**

***Legenda:*** Um filamento de tungsténio quente é utilizado para gerar um feixe de electrões que é focado na amostra pela lente do condensador eletromagnético, variando a corrente para a lente.

**Bloqueio 19. Porque é que o TEM tem uma resolução muito superior à do microscópio de luz?**

*Legenda:* O TEM dá uma resolução muito maior do que o microscópio de luz porque o comprimento de onda do feixe de electrões gerado é muito mais curto do que o das ondas de luz na região visível das radiações electromagnéticas.

**Bloqueio 20. Porque é que só podem ser visualizadas no TEM fatias finas de um espécime?**

*Legenda:* Fatias extremamente finas de um espécime podem ser vistas por TEM porque os electrões são desviados pelas moléculas de ar e são facilmente absorvidos pela matéria sólida.

**Bloqueio 21. Porque é que é necessário desidratar a amostra antes de a visualizar no TEM?**

*Legenda:* O espécime precisa de ser desidratado antes de ser visualizado porque a água ferveria e destruiria a integridade do espécime.

**Bloqueio 22. Porque é que os espécimes estão corados com compostos que contêm metais pesados?**

*Legenda:* Os metais pesados dispersam os electrões e contribuem para a formação de uma imagem.

# CAPÍTULO 20

## EXPERIÊNCIAS DIVERSAS

**Trava 1. Porque é que a esporulação ocorre nas bactérias?**

***Chave:*** A esporulação é induzida pela depleção de nutrientes. Quando as culturas bacterianas atingem a fase estacionária e se já não existirem níveis repressores de fontes de carbono, azoto ou fósforo no meio, iniciam a esporulação.

**Bloqueio 2. Porque é que o caldo de tioglicolato é utilizado para o isolamento de *Clostridium* sp.**

***Legenda:*** O caldo de tioglicolato mantém as condições anaeróbias e favorece o crescimento dos anaeróbios.

**Bloqueio 3. Porque é que o ácido nalidíxico ou qualquer outro antibiótico é adicionado ao meio durante o isolamento de *actinomicetos*?**

***Importante:*** O antibiótico específico inibe o crescimento de outras bactérias, como *Bacillus* sp., e aumenta as hipóteses de isolar culturas puras de *Actinomicetos.*

**Trava 4. Como é que vais separar os esporos da mistura de células vegetativas?**

***Chave:*** As células vegetativas podem ser mortas por choque térmico, choque com etanol e tratamento com clorofórmio. Assim, é possível separar as bactérias esporulantes através da sua cultura.

**Trava 5. Porque é que o pH muda de neutro para alcalino no caldo de fermentação da cultura de *Bacillus*?**

***A chave:*** *O Bacillus* decompõe as proteínas do caldo, o que leva à libertação de amónio que aumenta o pH e torna as condições alcalinas.

**Fecho 6. As colónias de bactérias são visíveis, mas uma única bactéria é invisível. Porquê?**

***Legenda:*** Uma única bactéria é microscópica e invisível a olho nu. Por outro lado, à medida que a bactéria consome os nutrientes essenciais, começa a crescer e a dividir-se. Isto gera biliões de células que começam a acumular-se, tornando-se visíveis a olho nu. Esta pilha de células tem origem numa célula e é designada por colónia bacteriana.

**Fechadura 7. Porque é que as bactérias estão a tornar-se resistentes aos antibióticos?**

***A chave:*** Existem várias razões que levam as bactérias a desenvolver resistência aos antibióticos. Algumas bactérias desenvolvem a capacidade de neutralizar o antibiótico antes que este possa causar danos. Algumas conseguem bombear o antibiótico para fora através do mecanismo de efluxo. As bactérias têm também a capacidade de alterar o local de ataque do antibiótico. Por vezes, uma das bactérias sobrevive devido à sua capacidade de neutralização do antibiótico; essa bactéria pode então multiplicar-se e substituir todas as bactérias que foram mortas. A exposição aos antibióticos torna as bactérias sobreviventes mais susceptíveis de serem resistentes. As bactérias podem adquirir resistência aos antibióticos através da mutação do seu material genético ou adquirindo pedaços de ADN que codificam as propriedades de resistência de outras bactérias. O ADN que codifica a resistência pode ser agrupado num único pacote facilmente transferível.

**Fechadura 8. Porque é que as bactérias produzem pigmentos?**

***Chave:*** Existem várias razões para produzir o pigmento, como a fotossíntese, o ambiente de stress, o mecanismo de defesa e os metabolitos secundários para armazenamento de energia.

**Trave 9. A atividade de eliminação do radical DPPH (2,2-difenil-1-picril-hidrazil) é um dos testes para determinar o potencial antioxidante das bactérias. Durante a experiência, a absorvância da mistura de**

**reação é medida a 540 nm. Porquê?**

***Legenda:*** O DPPH apresenta absorção máxima a 540 nm, resultando no valor máximo de absorvância.

**Bloqueio 10. Porque é que a cor do DPPH muda para amarelo após a incubação durante a determinação antioxidante da amostra?**

***Legenda:*** O DPPH é um radical livre estável. Se os radicais livres tiverem sido eliminados, há formação de cor amarela. O dador de hidrogénio é uma substância antioxidante (Fig. 39).

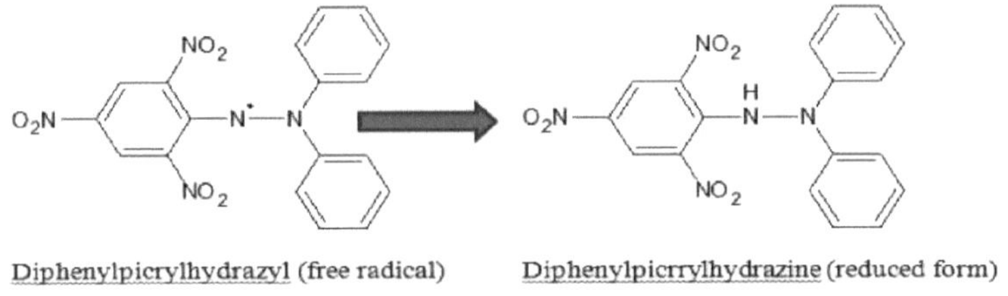

**Fig. 39: Eliminação de DPPH**

**Fixar 11. Porque é que a absorvância da amostra de teste diminui quando comparada com a do controlo (solução de DPPH)?**

***Legenda:*** Se a amostra de teste tiver potencial antioxidante, então a amostra elimina a solução de DPPH, o que resulta na redução do valor da densidade ótica. O efeito antioxidante da amostra é proporcional ao desaparecimento do radical livre DPPH na amostra de teste.

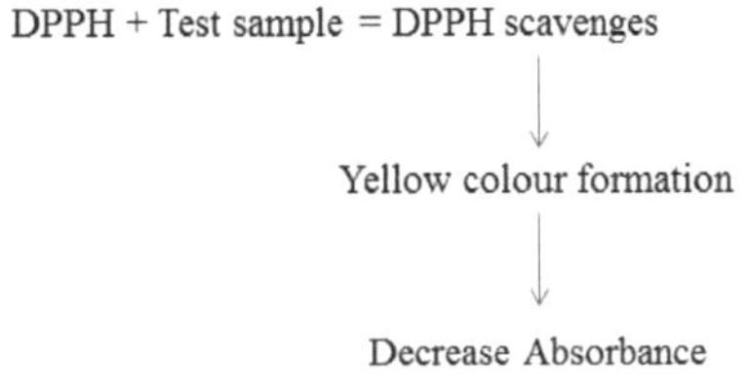

DPPH + Test sample = DPPH scavenges

↓

Yellow colour formation

↓

Decrease Absorbance

**Bloqueio 12. Porque é que a solução armazenada de DPPH não é utilizada para o ensaio antioxidante?**

***Legenda:*** A solução armazenada de DPPH tem sempre a absorvância reduzida do que a solução fresca devido à sua natureza de auto-oxidação.

**Bloqueio 13. Porque é que a técnica de coloração de Gram é chamada de técnica de coloração diferencial?**

***Chave:*** Isto deve-se ao facto de a técnica separar ou diferenciar as bactérias em dois grupos distintos, dependendo do procedimento.

**Fecho 14. Porque é que é importante cultivar bactérias *in vitro*?**

***Legenda:*** Existem muitas razões para cultivar bactérias no laboratório. O cultivo de bactérias é essencial para o diagnóstico de doenças infecciosas. O estudo das bactérias em laboratório permite desenvolver métodos para interromper a sua velocidade e controlar o seu crescimento.

**Bloqueio 15. Porque é que são necessárias culturas puras de bactérias no laboratório?**

***Importante:*** As culturas puras de bactérias são importantes porque, se houvesse duas ou mais espécies a serem cultivadas em conjunto, seria difícil saber que efeito estava a ser provocado por que espécie bacteriana.

**Bloqueio 16. Porque é que a água a ferver não é considerada um agente antibacteriano eficaz?**

***Importante:*** Isto deve-se ao facto de algumas bactérias poderem resistir a uma longa exposição à água a ferver. Apenas as bactérias não formadoras de esporos morrem em poucos segundos em água a ferver.

**Fechadura 17. Porque é que a esterilização por calor seco, em comparação com a esterilização por calor húmido, é efectuada durante um período mais longo?**

***Chave:*** O calor húmido geralmente coagula e causa desnaturação nas bactérias. A proteína separa-se como uma massa insolúvel à medida que reverte da sua estrutura tridimensional para a estrutura bidimensional. Por outro lado, no calor seco, o efeito primário nas bactérias é devido à oxidação de moléculas grandes, um processo que as decompõe em moléculas mais pequenas. Uma vez que a oxidação é um processo menos eficiente, geralmente requer um período de tempo mais longo.

**Bloqueio 18. Porque é que a radiação ultravioleta (UV) é preferida à radiação ionizante como agente antibacteriano?**

***Legenda:*** A radiação ionizante (raios X e raios γ) forma radicais livres no citoplasma. Os radicais livres destroem as proteínas e o ácido nucleico das bactérias. Os esporos geralmente resistem ao efeito das radiações ionizantes, mas as bactérias não formadoras de esporos são mortas. A radiação UV afecta o ácido nucleico ligando as bases adjacentes da timina. A morte das bactérias ocorre rapidamente porque o ADN não se pode replicar.

**Fechadura 19. Porque é que as bactérias endofíticas são benéficas tanto para as plantas como para os seres humanos?**

**Chave:** As bactérias endofíticas estimulam as respostas de defesa das plantas e estabelecem uma associação mutualista. Produzem uma vasta gama de compostos bioactivos úteis às plantas para o seu crescimento, proteção contra as condições ambientais e sustentabilidade. Protegem as plantas dos herbívoros, produzindo certos compostos que impedem os animais de continuar a pastar na mesma planta e, por vezes, actuam como agentes de controlo biológico. Os compostos bioactivos produzidos não são apenas úteis para as plantas, mas também são de importância económica para os seres humanos. Servem como antibióticos, fármacos ou medicamentos, ou como compostos de grande relevância para a investigação ou como compostos úteis para a indústria alimentar. Desempenham também um papel importante no ciclo de nutrientes, na biodegradação e na bioremediação.

**Fechadura 20. Porque é que as bactérias estão presentes no solo?**

***A chave:*** As bactérias provocam uma série de mudanças e transformações bioquímicas no solo. Ajudam direta ou indiretamente na nutrição das plantas superiores que crescem no solo. As bactérias do solo desempenham um papel vital na decomposição da celulose e de outros hidratos de carbono, na amonificação, nitrificação, desnitrificação, fixação biológica do azoto atmosférico (simbiótica e não simbiótica), oxidação e redução de compostos de enxofre e de ferro.

**Bloqueio 21. Porque é que os géneros *Neisseria* e *Haemophilus* crescem bem em meio de ágar chocolate?**

***Legenda:*** O sangue contém inibidores para os géneros *Neisseria* e *Haemophilus*. O aquecimento do ágar-sangue converte-o em ágar-chocolate (o sangue aquecido adquire uma cor chocolate) que favorece o crescimento de bactérias pertencentes a estes dois géneros específicos.

**Bloqueio 22. Porque é que o violeta de cristal e os sais biliares são incorporados no meio Agar MacConkey?**

***Legenda:*** A violeta de cristal e os sais biliares são incorporados no Ágar MacConkey para impedir o crescimento de bactérias Gram-positivas e de bactérias Gram-negativas fastidiosas, como a *Neisseria* e *a Pasteurella.* As bactérias entéricas Gram-negativas podem tolerar os sais biliares e crescer bem devido à sua membrana exterior resistente à bílis.

**Bloqueio 23. Porque é que se adicionam digestões enzimáticas de gelatina, caseína e tecido animal ao meio de Ágar MacConkey?**

***A chave:*** A digestão enzimática de gelatina, caseína e tecido animal fornece azoto, vitaminas, minerais e aminoácidos para o crescimento de bactérias.

**Bloqueio 24. Porque é que a lactose é adicionada ao meio Ágar MacConkey?**

***A chave:*** A lactose é utilizada como hidrato de carbono fermentável, fornecendo carbono e energia à bactéria.

**Bloqueio 25. Porque é que o Vermelho Neutro é adicionado ao meio de Ágar MacConkey?**

***Legenda:*** Se a lactose for fermentada pelas bactérias, a produção do ácido faz baixar o pH do meio. A descida do pH é indicada pela mudança do indicador vermelho neutro para cor-de-rosa. As bactérias que fermentam fortemente a lactose produzem ácido suficiente que causa a precipitação dos sais biliares à volta do crescimento. Aparece como uma auréola cor-de-rosa que rodeia colónias individuais ou áreas de crescimento confluente. As bactérias com fraca fermentação da lactose não apresentam uma auréola cor-de-rosa à volta das colónias.

**Bloqueio 26. Porque é que a água ferve dentro da autoclave?**

***Legenda:*** À medida que a temperatura da água aumenta, a sua pressão de vapor (a pressão de vapor é a pressão causada pelo próprio vapor de um líquido) aumenta. Quando a pressão de vapor é igual à pressão atmosférica sobre o líquido, este entra em ebulição.

**Bloqueio 27. Porque é que os meios não se evaporam no interior do autoclave?**

***Chave:*** Os meios líquidos ou semi-sólidos não se evaporam no interior do autoclave devido ao vapor saturado.

**Bloqueio 28. Qual é a diferença entre absorção e absorvância?**

**Legenda:** A absorção é um processo no qual os electrões se excitam e passam de um nível de energia inferior para um nível de energia superior. Por outro lado, a absorvância é a magnitude ou o valor da absorção.

**Fecho 29. Porque é que a turbidez e a absorvância são consideradas dois termos diferentes na ciência?**

***Legenda:*** A turvação mede o grau de dispersão da luz pelo material particulado em suspensão no meio. A absorvância mede a quantidade de luz absorvida pelo material particulado no meio com um comprimento de onda específico.

**Bloqueio 30. Porque é que as bactérias formam biofilme?**

***A chave:*** A formação de biofilmes ajuda as bactérias a resistir a detergentes e antibióticos. A matriz extracelular densa e a camada exterior de células protegem o interior da comunidade. Também proporciona um local estável para as bactérias se fixarem e reproduzirem.

# APÊNDICES

## A. Composição dos meios de comunicação

### 1. Meio de ágar Baird-Parker (g/L)

*Hidrolisado enzimático de caseína-10.0*

*Extrato de carne de bovino - 5,0*

*Extrato de levedura-1.0*

*Glicina-12.0*

*Piruvato de sódio-10.0*

*Cloreto de lítio - 5.0*

*Solução de telurito de potássio (3,5%) - 3,0 ml*

*Gema de ovo - 50 ml*

*Ágar-18.0*

*Água destilada - 1000 ml*

*pH- 7,0-7,2*

Nota - O cloreto de lítio é tóxico.

### 2. Beta-galactosidase (ONPG) meio (g/L)

*O- nitrofenil beta-B- galactopiranosídeo 0,6*

*Tampão fosfato-100 mL*

Nota- Misturar os dois produtos químicos, dissolver sem aquecer e esterilizar por filtração. Adicionar este produto à peptona a 1% na proporção de 1:3.

### 3. Meio de ágar-sangue (g/L)

*Peptona- 5.0*

*Extrato de carne de bovino - 3,0*

*Extrato de levedura - 2,0*

*Cloreto de sódio - 5,0*

*Ágar-18.0*

*Água destilada - 930 ml*

*pH- 7,0-7,2*

Nota - Após a esterilização do meio, adicionar assepticamente 70 ml de sangue de carneiro desfibrinado estéril.

**4. Meio de ágar verde brilhante (g/L)**

*Peptona de protease-10.0*

*Extrato de levedura - 3,0*

*Lactose - 10,0*

*Sacarose - 10,0*

*Cloreto de sódio - 5,0*

*Vermelho de fenol - 0,08*

*Verde Brilhante - 0,0125*

*Ágar- 18,0*

*Água destilada - 930 ml*

*pH- 7,0-7,2*

**5. Meio de ágar Burks (g/L)**

*Sulfato de magnésio -0,2*

*Fosfato dipotássico -0,8*

*Fosfato monopotássico - 0,2*

*Sulfato de cálcio - 0,13*

*Cloreto férrico - 0,00145*

*Molibdato de sódio - 0,000253*

*Sacarose - 20,0*

*Ágar-18.0*

*Água destilada - 1000 mL*

**6. Meio de ágar quitina (g/L)**

*Quitina-10.0*

*Agar- 18.0*

*Água destilada - 1000 mL*

**7. Caldo de chocolate (g/L)**

*Peptona-10.0*

*Bitone-10.0*

*Cloreto de sódio - 5,0*

*Digestão tríptica de coração de bovino - 3.0*

*Amido de milho - 1,0*

*Sangue de carneiro, desfibrinado - 100 ml*

*Suplemento B (Difco)-10,0 mL*

*pH-7,3 ± 0,2*

Nota- Adicionar todos os ingredientes, exceto o sangue de carneiro, à água destilada e levar o volume a 890 mL. Autoclavar o meio. Após arrefecimento, adicionar 100 mL de sangue de carneiro fibrinado estéril. Adicionar assepticamente 10 mL de suplemento B (glutamina, coenzimas, hematina e factores de crescimento).

**8. Meio de Christensen (g/L)**

*Peptona- 1.0*

*Cloreto de sódio - 5,0*

*Hidrogénio fosfato dipotássico - 2.0*

*Vermelho de fenol - 0,012*

*Solução de glucose (10%) -10 mL*

*Solução de ureia (20%) -100 mL*

*Água destilada - 1000 ml*

Nota- Esterilizar a solução de ureia e glucose por filtração. Autoclavar os meios sem adicionar a solução de glucose e de ureia. Adicionar estas duas soluções após arrefecimento do meio.

**9. Meio de ágar citrato ou citrato de Simmon (g/L)**

*Citrato de sódio - 2,0*

*Cloreto de sódio - 5,0*

*Sulfato de magnésio - 0,20*

*Fosfato de monoamónio-1.0*

*Fosfato dipotássico - 1,0*

*Azul de bromotimol - 0,08*

*Ágar-18.0*

*Água destilada - 1000 ml*

*pH- 7,0*

**10. Caldo EMB (g/L)**

*Peptona- 10.0*

*Lactose - 5,0*

*Sacarose - 5,0*

*Hidrogénio fosfato dipotássico - 2.0*

*Eosina Y- 0,4*

*Azul de metileno - 0,065*

*Água destilada - 1000 ml*

*pH- 7,2*

**11. Caldo King's B (g/L)**

*Peptona - 20,0*

*Hidrogénio fosfato dipotássico-1,5*

*Sulfato de magnésio-1,5*

*Glicerol-15,0 mL*

*pH- 7,2*

**12. Meio Lowenstein-Jensen (LJ) (g/L)**

*Farinha de batata - 30,0*

*L-Asparagina- 3,6*

*Fosfato monopotássico - 2,4*

*Citrato de magnésio - 0,6*

*Verde malaquite - 0,4*

*Sulfato de magnésio - 0,24*

*Glicerol - 12 mL*

*Suspensão de ovos-1000 mL*

*Água destilada - 600 ml*

Nota - Para a cultura de *M. bovis, omite-se* o glicerol e adiciona-se piruvato de sódio.

**13. Caldo Luria-Bertani (LB) (g/L)**

*Triptona-10.0*

*Extrato de levedura - 5,0*

*Cloreto de sódio - 10,0*

*Água destilada - 1000 ml*

**14. Caldo MacConkey (g/L)**

*Peptona-18.0*

*Lactose-10.0*

*Sais biliares-1,5*

*Cloreto de sódio - 5,0*

*Vermelho neutro - 0,05*

*Violeta cristal - 0,001*

*Água destilada - 1000 ml*

*pH- 7,2*

**15. Meio de ágar de gema de ovo com manitol e polimixina (MYP) (g/L)**

*Extrato de carne-1.0*

*Peptona- 10.0*

*Manitol- 10.0*

*Cloreto de sódio - 10,0*

*Vermelho de fenol - 0,025*

*Ágar-18.0*

*Água destilada - 1000 ml*

*pH- 7,2*

**16. Caldo MRS (g/L)**

*Peptona- 10.0*

*Extrato de carne - 10,0*

*Extrato de levedura - 5,0*

*D-glucose/Dextrose- 20,0*

*Tween 80-1.0*

*Hidrogénio fosfato dipotássico - 2.0*

*Acetato de sódio - 5.0*

*Citrato de tri-amónio - 2.0*

*Sulfato de magnésio - 0,2*

*Sulfato de manganês - 0,05*

*Água destilada - 1000 ml*

*pH- 6,5-7,0*

**17. Caldo vermelho de metilo - Voges Proskauer (MR-VP) (g/L)**

*Peptona- 5.0*

*Hidrogénio fosfato dipotássico - 5,0*

*Solução de glucose (10%) - 50 ml*

*Água destilada - 1000 ml*

**18. Caldo Mueller Hinton (g/L)**

*Infusão de carne de vaca - 300 ml*

*Hidrolisado de caseína-17,0*

*Amido-1,5*

*Água destilada - 1000 ml*

*pH- 7,2*

**19. Caldo de nutrientes (g/L)**

*Peptona- 5.0*

*Extrato de carne de bovino - 3,0*

*Extrato de levedura - 2,0*

*Cloreto de sódio - 5,0*

*Água destilada - 1000 ml*

*pH- 7,2*

**20. Caldo ONPG (g/L)**

*Peptona- 7.0*

*Cloreto de sódio - 3,5*

*ONPG-1.5*

*Tampão de fosfato de sódio (0,01M, pH 7,5) - 250 mL*

*Água destilada - 750 ml*

Nota- Dissolver o ONPG em tampão fosfato e misturar com o meio basal após a esterilização.

**21. Meio de ágar-leite desnatado (g/L)**

*Leite desnatado-10.0*

*Ágar -18,0*

*Água destilada - 1000 ml*

**22. Meio de ágar-amido (g/L)**

*Amido - 10,0*

*Ágar -18,0*

*Água destilada - 1000 ml*

**23. Caldo de tributirina (g/L)**

*Tributirina-10.0*

*Peptona- 5.0*

*Extrato de levedura - 3,0*

*Água destilada - 1000 ml*

*pH- 7,2*

## 24. Caldo ETI (g/L)

*Extrato de carne de bovino - 3,0*

*Extrato de levedura - 3,0*

*Peptona-15.0*

*Protease peptona- 5.0*

*Lactose-10.0*

*Sacarose-10.0*

*Glicose - 1,0*

*Sulfato ferroso - 0,2*

*Cloreto de sódio - 5,0*

*Tiossulfato de sódio - 0,3*

*Vermelho de fenol - 0,024*

*Água destilada - 1000 ml*

*pH- 7,2*

## 25. Meio de ágar xilano (g/L)

*Xylan-10.0*

*Ágar-18.0*

*Água destilada - 1000 ml*

## 26. Manitol de extrato de levedura (g/L)

*Manitol-10.0*

*Carbonato de cálcio - 4,0*

*Hidrogénio fosfato dipotássico - 0,5*

*Extrato de levedura - 0,4*

*Sulfato de magnésio - 0,2*

*Cloreto de sódio - 0,1*

*Água destilada - 1000 ml*

*pH- 7,2*

***NOTA- O meio sólido para o crescimento de bactérias é preparado através da adição de ágar (18g/L) em meios de caldo específicos.***

## B. Doenças humanas causadas por bactérias

Carbúnculo - *Bacillus anthracis*

Endocardite bacteriana - *Staphylococcus aureus*

Vaginose bacteriana -Gardnerella *vaginalis*

Bacteriemia - *Bacillus licheniformis*

Botulismo - *Clostridium botulinum*

Brucelose - *Brucella* sp.

Peste bubónica - *Pasteurella/Yersinia pestis*

Doença da arranhadura do gato; angiomatose bacilar - *Bartonella henselae*

Cancroide -*Haemophilus ducreyi*

Pneumonia por clamídia -*Pneumonia* por clamídia

Cólera - *Vibrio cholerae*

Colite e enterite - *Enterococcus faecium*

Placa dentária - *Streptococcus gordonii*

Dipteria - *Corynebacterium diptheriae*

Ehrlichiose - *Ehrlichia chaffeensis*

Doença entérica (gastroenterite) - *Campylobacter jejuni*

Gangrena gasosa -Clostridium *perfringens*

Gonorreia -*Neisseria gonorrhoeae*

Colite hemorrágica; síndroma hemolítico-urémico -*Escherichia coli*

Conjuntivite de inclusão -C. *trachomatis*

Doença do legionário - *Legionella pneumophila*

Leprocy - *Mycobacterium leprae*

Listeriose -Listeria *monocytogenes*

Doença de Lyme - *Borrelia burgdorferi*

Meningite - *Neisseria meningitides*

Supraglotite *meningocócica - Neisseria meningitides*

Gonorreia e oftalmia neonatal - *Neisseria gonorrhoeae*

Uretrite não-oncócica (NGU) - *Chlamydia trachomatis*

Uretrite não-onocócica -Neisseria *gonorrhoeae*

Ornitose -Chlamydia *psittaci*

Infecções pediátricas - *Kingella kingae*

Úlcera péptica - *Helicobacter pylori*

Coqueluche/Tosse convulsa - *Bordetella pertussis*

Pneumonia - *Streptococcus pneumonia*

Sepsis puerperal/Febre do parto - *Streptococcus pyogenes*

*Febre Q-Coxiella burnetii*

Febre reumática - *Streptococcus pyogenes*

Febre maculosa das Montanhas Rochosas - *Rickettsia rickettsii*

Salmonelose - *Salmonella enterica, S. typhimurium*

Escarlatina - *Streptococcus pyogenes*

Shigelose - *Shigella* sp.

Intoxicação alimentar estafilocócica - *Staphylococcus aureus*

Faringite estreptocócica (faringite *estreptocócica*) - *Streptococcus pyogenes*

Sífilis - *Treponema palladium*

Tétano - *Clostridium tetani*

Síndrome do choque tóxico - *Staphylococcus aureus*

Tracoma - *Chlamydia trachomatis*

Tuberculose - *Mycobacterium tuberculosis*

Tularemia - *Francisella tularensis*

Tularemia - *Francisella tularensis* sub sp. *tularensis*

Febre tifoide - *Salmonella typhi*

Tifo - *Rickettsia* sp.

## C. Algumas contribuições importantes para a bacteriologia

| Ano | Cientista/Cientistas | Contribuição |
|---|---|---|
| 1665 | Robert Hook | Células observadas |
| 1776 | Muller | Primeira classificação das bactérias |
| 1857 | Louis Pasteur | Fermentação |
| 1867 | Louis Pasteur | Pasteurização |
| 1882 | Robert Koch | Descoberta de *M. tuberculosis* |
| 1884 | Robert Koch | Postulados de Koch |
| 1884 | Grama cristã | Coloração de Gram |
| 1887 | Richard Petri | Placa de Petri |
| 1928 | Frederick Griffith | Transformação bacteriana |
| 1929 | Alexander Fleming | Penicilina |
| 1933 | Ernst Ruska | Microscópio de electrões |
| 1946 | Lederberg e Tatum | Conjugação em bactérias |
| 1952 | Zinder e Lederberg | Transdução em bactérias |
| 2003 | J. Y. Wang | Nova vacina contra o carbúnculo |
| 2005 | Marshall e Warren | Descoberta da *H. pylori* |
| 2007 | Martin e Julia | Nova proteína contra bactérias resistentes a antibióticos |
| 2015 | Campbell e Omura | Avermectina (medicamento antiparasitário) de *Streptomyces avermitilis* |

# D. Abreviaturas

% = Per cent

°C = Degree Celsius

μg = Micrograms

μl = Microliters

AgNPs = Silver nanoparticles

AHL = N-Acyl Homoserine Lactones

AI = Autoinducer

AuNPs = Gold nanoparticles

BSA = Bovine Serum Albumin

cm = Centimetres

CV-I = Crystal violet Iodine

DEPC = Diethyl pyrocarbonate

DHFR = Dihydrofolate reductase

DMACA = p-dimethylaminocinnamaldehyde

DMPD = *N,N*-dimethyl-*p*-phenylenediamine

DNA = Deoxyribonucleic acid

DPPH = 2,2-diphenyl-1-picryl hydrazyl

DTT = Dithiothreitol

EDTA = Ethylenediaminetetraacetic acid

EMB = Eosine methylene blue

g = grams

GHz = Gigahertz

GITC = Guanidinium thiocyanate

hrs = Hours

IPTG = Isopropyl β-D-1-thiogalactopyranoside

LAF = Laminar Air Flow

LB = Luria Bertani

lb = Pound

M = Molar

MIC = Minimum inhibitory concentration

min = Minutes

mL = Millilitres

mM = Millimolar

mRNA = messenger ribonucleic acid

MRS = deMan Ragosa and Sharpe

MSA = Mannitol salt agar

MTC = Maximum tolerable concentration

MTT= [3-(4,5-Dimethylthiazol-2-yl)-2,5-Diphenyltetrazolium bromide]

nm = Nanometre

ONPG = Ortho-nitrophenyl-β-D-galactopyranoside

PU = Polyurethane

RNA = Ribonucleic acid

SDS = Sodium Dodecyl sulphate

sec = Second

SEM = Scanning electron microscope

SPV = Surface plasmon vibrations

TE = Tris-EDTA

TEM = Transmission electron microscope

TMPD = *N,N,N′,N′*-tetramethyl-*p*-phenylenediamine

tRNA = transfer ribonucleic acid

TSIA = Triple sugar iron agar

UV = Ultraviolet

UV-Vis = Ultraviolet-Visible

YEMA = Yeast extract mannitol agar

# REFERÊNCIAS

**Livros**

1. Demain AL e Solomon NA. 1986. Manual de Microbiologia Industrial e Biotecnologia. (Ed.). Sociedade Americana de Microbiologia, Washington, D.C.

2. Kannan N. 2003. Handbook of laboratory culture media, reagents, stains and buffers. Panima publishing corporation, Nova Deli/ Bangalore.

3. Lansing M. Prescott. John P. Harley, Donald A. Klein. 1993. Microbiologia. Wm.C. Brown Publishers. Segunda edição

4. Mashburn e Wriston. 1993. Ensaio da L-asparaginase Worthington enzyme manual l publicado por Worthington Biochemical Corporation.

5. Miller JH. Experiments in Molecular Genetics. Cold Spring Harbor Laboratory Press, E.U.A. (31 de dezembro de 1972)

6. Rick W e Stegbauer HP. 1974. Medição de grupos redutores pela alfa amilase. In: Methods of enzymetic analysis, 2nd Ed., Vol. 2, Academic Press, New Delhi, India.

7. William Claws, G. 1989. Understanding microbes. A laboratory textbook for Microbiology, W. H. Freeman and Company, Nova Iorque.

**Revistas**

1. Anson ML. 1938. The estimation of pepsin, trypsin, papain, and cathepsin with haemoglobin. *J Gen Physiol,* 22: 79-89.

2. Bauer AW, Kirby WMM, Sherris JC, Turck M. 1966. Antibiotic susceptibility testing by a standardized single disk method. *Amer J Clin Pathol,* 36: 493-496.

3. Beisson F, Tiss A, Riviere C, Verger R. 2000. Métodos de deteção e ensaio de lipases: uma revisão crítica. *Eur J Lipid Sci Technol,* 2: 133-153.

4. Bradford MM. 1976. Um ensaio de ligação de corante para proteínas. *Anal Biochem*. 72:248-254

5. Folin O e Ciocalteu V. 1927. Sobre a determinação da tirosina e do triptofano nas proteínas. *J Biol Chem,* 73: 627- 649.

6. Gallo J, Holinka M, Moucha CS. 2014. Tratamento de superfície antibacteriano para implantes ortopédicos. *Int J Mol Sci*, 15, 1384913880

7. Gumgumjee NM e Danial EN. 2001. Otimização dos parâmetros do meio e do processo para a produção de galactosidase a partir de um *Bacillus licheniformis* E66 recentemente isolado. *J Appl Sci Res,* 7: 1395-1401.

8. Hanato T, Kagawa H, Yasuhara T, Okuda T. 1988. Dois novos flavonóides e outros constituintes da raiz de alcaçuz: a sua adstringência relativa e efeitos de eliminação de radicais. *Chem Pharm Bull*, 36: 2090-2097.

9. Holmstrom B. 1965. Ensaio de estreptoquinase em grandes placas de difusão de ágar. *Ata Chem Scand,19:* 1549-54

10. lyapparaj P, Maruthiah T, Ramasubburayan R, Prakash S, Kumar C, Immanuel G, Palavesam A. Otimização da produção de bacteriocina por *Lactobacillus* sp. MSU3IR contra patógenos bacterianos de camarão. *Biossistemas Aquáticos,* 2013, 9:1-10

11. Khusro A, Aarti C, 2015. Identificação molecular de estirpes de *Bacillus* recentemente isoladas de explorações avícolas e otimização dos parâmetros do processo para aumentar a produção de amilase extracelular utilizando o método OFAT. *Res J Microbiol,* 10: 393-420.

12. Khusro A, Aarti C, Preetam Raj JP, Panicker SG. 2014. Estudo comparativo sobre o efeito de diferentes extractos de solventes de *Calotropis gigantea* e látex *de Carica papaya* contra novos isolados bacterianos - Um estudo *in vitro*. *Int J Pharm Pharm Sci,* 6: 874-879.

13. Khusro A, Preetam Raj JP, Panicker SG. 2014. Alterações adaptativas na morfologia celular da estirpe KPA *de Bacillus subtilis* em resposta a

determinados antimicrobianos. *Int J Chemtech Res*, 6: 28152823.

14. Khusro A, Preetam Raj JP, Panicker SG. 2014. Resposta a múltiplos metais pesados e padrão de sensibilidade a antibióticos da estirpe KPA *de Bacillus subtilis*. *J Chem Pharm Res,* 6: 532-538.

15. Khusro A, Preetam Raj JP, Panicker SG. 2014. Estudo sobre a atividade antagonista de um novo isolado bacteriano sob condições de stress moderado de certos agentes antimicrobianos. *Europ J Exp Biol,* 4: 2630

16. Lowry OH, Rosebrough NJ, Farr AL, Randall RJ. 1951. Medição de proteínas com o reagente de fenol Folin. *J Biol Chem,* 193, 265-275.

17. Monreal J e Reese ET. 1969. The chitinase of *Serratia marcescens. Can J Microbiol,* 15: 689-696.

18. Nawani N, Khurana J, Kaur J. 2006. Uma enzima lipolítica termoestável de um *Bacillus* sp. termofílico: purificação e caraterização. *Mol Cell Biochem,* 290: 17-22.

19. Norris V. 2015. Por que é que as bactérias se dividem? *Front Microbiol,* 6:322. doi: 10.3389/fmicb.2015.00322

20. Palza H. 2015. Polímeros antimicrobianos com nanopartículas metálicas. *Int J Mol Sci,* 16, 2099-2116

21. Roa KS, Nargesh KK, Ravi KBVV. 2012. Um estudo comparativo da composição polifenólica e da atividade antioxidante *in vitro* do *Illicium verum* extraído por técnicas de extração por micro-ondas e soxhlet. *Ind J Pharm Educ,* 46: 228-234

22. Siegmund I e Wagner F. 1991. Novo método de deteção de ramnolípidos excretados por *Pseudomonas* sp. durante o crescimento em ágar mineral. *Biotechnol Tech*, 5: 265- 268.

23. Slinkard K e Singleton VL. 1977. Análises de fenóis totais: automatização e comparação com métodos manuais. *Amer J Enol Viticulture*, 8: 49-55.

24. Vasavi HS, Arun AB, Rekha PD. Inibição da deteção de quorum em *Chromobacterium violaceum* por *Syzygium cumini* L. e *Pimenta dioica* L. *Asian Pac J Trop Biomed,* DOI: 10.1016/S2221-1691(13)60185-9

25. Vijayakumar A, Jeyaraj B, Karunai Raj M, Nimal Christhudas IVS, Balachandran C, Agastian P, Ignacimuthu S. Citotoxicidade *in vitro*, inibição da a-glucosidase, actividades antioxidantes e de eliminação de radicais livres dos frutos de *Illicium griffithii Hook. f.* & Thoms. *Med Chem Res.* DOI 10.1007/s00044-013-0868-x

26. WANG Bao-e e HU Yong-you. 2007. Comparação de quatro suportes para adsorção de corantes reactivos por pérolas *de Aspergillus fumigatus* imobilizadas. *J Environ Sci,* 19: 451-457.

27. Yamamura S, Morita Y, Hasan Q, Rao SR, Marakami Y, Yokoyama K, Tamiya E. 2002. Characterization of a new keratindegrading bacterium isolated from deer fur. *J Biosci Bioeng,* 93: 595-600.

**Sítio Web:-**

http://molbio.princeton.edu/labs/bassler/research

http://sp11symbiosis.providence.wikispaces.net/The+Função+da+Biolumi nescência

http://Zeiss-campus.magnet.fsu.edu

http ://www.jic.ac.uk

http: //binoculas. net

http://eng.umd.edu/~nsw/ench485/lab11.htm

http ://eng.umd. edu/~nsw/ench485/lab6a. htm

http://info.gbiosciences.com/blog/bid/197555/Dialysis-in-Protein-Research-Understanding-the-Basics

http://sigmaaldrich.com/technical-documents/articles/microbiology-focus/mycobacteria-identification.html

http://nos.org/media/documents/dmlt/Microbiology/Lesson-11 .pdf

Printed by Books on Demand GmbH, Norderstedt / Germany